제3판

Military Criminal Law

군 형 법

박 철 · 정정균 공저

군형법

박 철·정정균 공저

2016년 02월 01일 초판 인쇄
2016년 02월 05일 초판 발행
2018년 02월 09일 개정판 발행
2023년 07월 03일 개정 2판 발행

발행인 박 진 영
발행처 도서출판 진영사
인천광역시 부평구 주부토로 236 인천테크노밸리 U1 지식산업센터 B동 1507호
전화 : 032)505-4207
팩스 : 032)505-4206
E-mail : 0183734207@hanmail.net
등록 : 제2007-000001호

ISBN 978-89-6541-612-8 93360
값 18,500원

제3판 머리말

그동안 본 교재를 사랑해 주시고 활용하여주신 여러분들께 진심으로 감사의 말씀을 드립니다.

이번에 발간하게 되는 제3판 군형법은 2022년 7월 1일부터 시행된 개정 군사법원법을 반영하였습니다. 나아가 수록된 판례를 전면 검토하여 중복되는 판례를 삭제하고 중요 판례를 선별하여 군의 초급간부, 실무자들에게 업무 참고 및 교육용 자료로 활용하고, 군 간부로 진출을 준비하는 학생들에게는 군형법에 대한 이해를 돕도록 구성하였습니다.

전후방 각지에서 불철주야 헌신하고 있는 국군장병 여러분께 다시 한번 감사와 경의를 표하며, 군 간부의 꿈을 키워가고 있는 학생과 준비생들의 건투를 빌며 응원을 보냅니다.

부족한 이 교재를 발간하기까지 많은 격려와 지원을 해주신 군사학 분야 교수님들, 학 · 군제휴협약대학교 협의회 교수님들, 국방부 관계자를 비롯한 각 군 관계자분들, 그리고 오랜 시간 동안 기다려주시고 도움을 주신 도서출판 진영사 사장님과 임직원 여러분들께 감사드립니다.

2023년 5월

저자 일동

개정판 머리말

군형법 교재가 발간된 지 벌써 2년이 지났습니다. 그 동안 본 교재를 사랑해 주시고 활용하여주신 여러분들께 진심으로 감사의 말씀을 드립니다. 이번에 발간하게 되는 개정판 군형법은 전체적 구성에는 큰 변화가 없습니다. 다만, 2016년 5월 병역법이 일부 개정되어 알기 어려운 용어를 병무행정에 대한 국민의 이해도를 높이기 위해 쉽게 바꾼 내용, 군형법 제60조의 6(군인 등에 대한 폭행죄, 협박죄의 특례) 신설 내용과 사회적으로 문제가 되었던 사고, 기존에 수록된 판례 내용을 재 엄선하고 대법원 최신 판례를 일부 반영하여 군형법에 대한 이해를 돕도록 구성 하였습니다.

전후방 각지에서 불철주야 헌신하고 있는 국군장병 여러분께 다시 한번 감사와 경의를 표하며, 군 간부의 꿈을 키워가고 있는 학생과 준비생들의 건투를 빌며 응원을 보냅니다.

부족한 이 교재를 발간하기까지 많은 격려와 지원을 해주신 군사학 분야 여러 교수님들, 학 · 군제휴협약대학교 협의회 교수님들, 국방부 관계자를 비롯한 각 군 관계자 분들, 그리고 도서출판 진영사 사장님과 임직원 여러분들께 감사드립니다.

2018년 1월

장안대학교에서 저자 일동

머 리 말

지금 이 시각에도 전후방 각지에서 불철주야 국토방위를 위해 헌신하고 있는 국군장병 여러분께 감사와 경의를 표하며, 장차 군의 간부로 발돋움하기 위하여 노력 중인 군사학 계열 학생들과 선발 준비생들에게 응원의 마음을 담아 격려를 보냅니다.

군인은 군법의 피적용자이면서도 국민의 한 사람으로서 대한민국의 법을 준수할 의무가 있으며, 철저한 준법정신과 실천이 요구됩니다. 법의 무지로 인한 범죄는 용서받을 수 없듯이 법규의 당위성을 인정하고 내용을 정확히 알아야 하며, 어떠한 상황에서도 법을 지키고자 하는 마음가짐을 견지하고 행동으로 실천해야 합니다.

본 교재는 군의 초급간부, 실무자들에게는 업무 참고 및 교육용 자료로 활용이 가능하고, 군 부사관·장교 등 간부로 진출을 꿈꾸며 준비하는 학생과 준비생들에게는 법에 대한 기초지식과 민주시민으로서의 법적 의무와 권리, 군형법과 일반형법의 차이점 등을 판례를 통하여 비교함으로써 군의 특수성에 대한 이해를 돕고자 하였습니다. 특히 판례는 2014년도 판례까지 학술적으로 가치가 있고 꼭 알아야 할 내용을 위주로 인용하였으며, 최대한 수록하여 군사입문을 준비하는 학생들의 이해를 돕고, 현역 간부들에게도 업무에 활용할 수 있도록 총 5장으로 구성하였습니다.

제1장은 헌법과 국군으로 법규의 체계와 국군의 역할, 제2장은 형법으로 형법의 구성과 관련 군형법의 비교를 통한 군형법의 특수성, 제3장은 군형법 총론으로 군형법의 의의와 성격, 제4장은 군형법 각론으로 범죄의 유형에 따라 판례와 함께 설명하였으며, 제5장은 부록으로 헌법과 군형법을 수록하여 활용토록 하였습니다. 부족한 점과 보완할 점이 많지만 앞으로 지속적인 연구와 검토를 통하여 더 좋은 책으로 발전하도록 노력할 것을 약속드리며, 많은 관심과 사랑을 부탁드립니다.

본 교재를 발간하기까지 지원과 배려를 아끼지 않으신 도서출판 진영사 사장님과 임직원 여러분, 국방부 검찰단, 육군본부 헌병실 및 육군 종합행정학교 관계자 여러분, 바쁘신 와중에도 꼼꼼히 감수를 해주신 두원공과대학 이성순 교수님, 수차례의 수정·편집과정 동안 함께해 준 이재영 선생님과 차승현 조교님께 감사드립니다.

2016년 1월

장안대학교에서 저자 일동

목 차

제1장 헌법과 국군

제2장 형 법

제3장 군형법 총론

제4장 군형법 각론

제1장

헌법과 국군

제 1 장 헌법과 국군

제 1 절 법규의 체제

1. 일반법규 체계

법규는 최상위에는 헌법이 있으며, 다음으로 법률(형법, 민법 등), 명령(각종 시행령), 규칙(형사소송규칙, 민사소송규칙 등)의 순서로 이어지는 통일적인 체계를 이루고 있다.

2. 국방관계 법규 체계

국방관계 법규도 일반적인 법규와 같이 헌법을 최상위로 하여 헌법 → 법률 → 대통령령 / 총리령 / 국방부령 → 행정규칙의 단계적인 상하관계를 이루고 있다.

이를 도표화하면 아래와 같다.

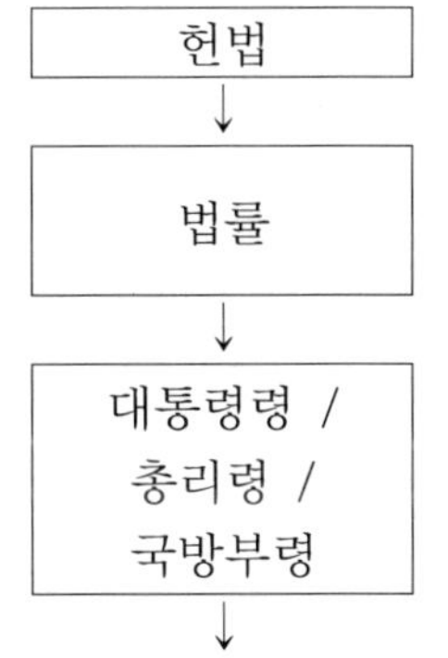

국군의 사명(제5조), 대통령의 국군통수권(제74조) 등

국군조직법, 병역법, 군인사법, 군인연금법, 군사법원법, 군인의 지위 및 복무에 관한 기본법 등

군인사법시행령, 군인의 지위 및 복무에 관한 기본법 시행령 등

군인사법시행규칙, 군인의 지위 및 복무에 관한 기본법 시행규칙 등

대통령 : 대통령 훈령
국무총리 / 국방부장관 : 훈령, 예규, 통첩, 지시
각군 참모총장 : 각군규정, 각군내규, 예규, 지시
군사령관 / 육직 장관급부대 : 규정, 내규, 예규, 지시
군단장 이하 지휘관 : 내규, 예규, 지시

가. 헌법(憲法)

1) 헌법은 국가의 기본조직과 작용, 국민의 권리 · 의무에 관하여 규정하고 있는 모든 법의 모법(母法)이며 기본법이다. 헌법은 법률과 명령은 물론 국가기관의 행위보다 상위에 있으며 국가기관의 권력발동의 근거가 된다.
2) 헌법에는 군에 관한 기본적인 사항을 규율하는 규정이 포함되어 있는데 국군의 사명과 정치적 중립성(제5조), 국방의 의무(제39조), 대통령의 국군통수권(제74조), 계엄(제77조), 군사법원(제110조) 등에 관한 규정이 있다. 이들 헌법 규정은 국방관계법령의 가장 중요한 법원(法源)이며 이들을 근거로 하여 각종 국방관계 법규가 제정되어 시행되고 있다.

나. 법률(法律)

1) 법률이란 국회의 심의절차를 거쳐 제정한 법형식이다. 권력분립을 기초로 하는 법치국가에서는 법규범을 제정하는 작용인 입법권은 원칙적으로 국민의 대표기관인 의회에 속한다. 특히 국민의 권리와 의무에 관한 사항은 법률로 정하여야 한다.
2) 국방에 관한 법률로는 국군조직법, 군인의 지위 및 복무에 관한 기본법, 군인사법, 군인보수법, 군인연금법, 군무원인사법, 병역법, 향토예비군설치법 등이 있다.

다. 대통령령(大統領令) / 총리령(總理令) / 국방부령(國防部令)

1) 대통령 또는 국무총리와 국방부장관을 비롯한 행정각부 장관이 법률에서 구체적으로 법위를 정하여 위임받은 사항(위임명령)이나 법률을 시행하기 위하여 필요한 사항(집행명령)에 관하여 발하는 명령이 대통령령, 국무총리령과 국방부령을 비롯한 부령이다.
2) 대통령령 · 총리령 · 부령이 일반 국민을 구속하는 효력을 가지기 위해서는 법률의 위임이 있어야 할 뿐만 아니라(법률유보의 원칙), 상위법령이 위임한 범위 내에서 제정되어야 하고 상위법령에 직접 또는 간접적으로 저촉되어서는 안 된다(법률우위의 원칙).

라. 행정규칙(行政規則)

1) 의의

일반적으로 행정규칙은 행정기관이 하급 행정기관에 대하여 법률의 수권 없이 그의 권한 범위 내에서 발하는 일반적·추상적 규율을 말한다.

2) 내용에 따른 분류

가) 조직규칙

행정기관이 그 보조기관 또는 소속관서의 설치, 조직, 내부적 권한 분배 등을 정하기 위하여 발하는 규칙(예, 육군본부직제, 법무규정 등)

나) 근무규칙

상급기관이 하급기관의 근무에 관한 사항을 계속적으로 규율하기 위하여 발하는 규칙(예, 장교보직관리규정, 징계규정 등)

다) 영조물 규칙

시설의 관리 및 이용에 관한 규칙(예, 군숙소관리규정, 시설관리규정 등)

3) 형식에 따른 분류(정부공문서규정시행규칙 제3조)

가) 훈령

상급기관이 하급기관에 대하여 상당한 장기간에 걸쳐 그 권한의 행사를 일반적으로 지휘·감독하기 위하여 발하는 명령

나) 지시

상급기관이 하급기관에 대하여 개별적·구체적으로 발하는 명령

다) 일일명령

당직, 출장, 특근, 휴가 등의 일일업무에 관한 명령

라) 예규

행정사무의 기준을 정하는 문서로서 그 밖의 것

4) 효력

가) 내부적 효력만 보유

행정규칙은 법률이 제정권한을 특별히 위임하지 않았더라도 제정할 수 있고 군 조직 내부에서는 효력을 미치나, 국민의 권리·의무에 영향을 미치는 내용은 규정할 수 없다. 따라서 행정처분이 행정규칙에 위반하였다고 하여 반드시 위법하다고는 할 수 없고, 이에 따랐다고 하여 반드시 적법하다고도 할 수 없다.

나) 행정규칙 상호간의 동등성

사무관리규정(대통령령)은 행정규칙을 형식에 따라 훈령, 지시, 일일명령, 예규로 나누고 있으나 이들은 규정대상과 행사절차 및 형식의 차이에서 구별될 뿐 성질 면에서는 모두 광의의 훈령에 포함되며, 행정규칙의 일종이라는 점에서는 동일하므로 상호간에 상하관계는 존재하지 않는다고 해석하는 것이 일반적이다.

제 2 절 헌법의 원칙과 국군

1. 헌법의 원칙과 국군의 역할

가. 국가수호의 원칙

1) 국가의 안전보장

헌법 제5조 제2항에 「국군은 국가의 안전보장과 국토방위의 신성한 의무를 수행함을 사명으로 하며」라고 규정하고 있다. 종교적, 윤리적 색채를 지닌 '신성한'이라는 술어를 사용할 만큼 국군과 군인의 임무의 중대성을 반영한 것이다. 군인의 지위 및 복무에 관한 기본법 제5조(국군의 강령)에서 국군의 이념, 사명을 상술하고 있다.

2) 국방의 의무

헌법 제39조 제1항에 「모든 국민은 법률이 정하는 바에 의하여 국방의 의무를 진다」라고 규정하고 있다. 국방의 의무란 외국의 침략으로부터 국가의 독립을 유지하고 영토를 보전하기 위한 국토방위의 의무를 말한다. 국방의 의무는 타인에 의한 대체적 이행이 불가능하다는 점에서 일신전속적 성격을 가진다.

나. 평화지향의 원칙

1) 평화규정

헌법 전문에서 「안으로는 국민생활의 균등한 향상을 기하고 밖으로는 항구적인 세계평화와 인류공영에 이바지함으로써 우리들과 우리들의 자손의 안전과 자유와 행복을 영원히 확보할 것을 다짐하면서」라고 규정하고 있으며 제5조 제1항에서 「대한민국은 국제평화의 유지에 노력하고 침략적 전쟁을 부인한다.」라고 규정하여 평화질서의 대원칙을 규정하고 있다. 이는 영구평화를 위한 규정이며, 평화수호에의 결의를 표시한 것이다

2) 침략전쟁의 금지

헌법 제5조 제1항은 침략전쟁의 금지를 선언하고 있다. 그러므로 헌법 제5조 제2항「국군은 국가의 안전보장과 국토방위의 신성한 의무를 수행함을 사명으로 하며,」의 규정과 대통령의 국군통수권(제74조 제1항), 국군의 조직과 편성의 법률주의(제74조 제2항), 국민의 국방의 의무(제39조 제1항), 국가안전보장회의(제91조)에 관한 규정을 둔 것은 자위전쟁의 경우만을 전제로 하는 것이라 하겠다.

3) 평화적 통일

헌법 전문에서「조국의 민주개혁과 평화적 통일의 사명에 입각하여」규정, 헌법 제4조「대한민국은 통일을 지향하며, 자유민주적 기본질서에 입각한 평화적 통일 정책을 수립하고 이를 추진한다.」의 규정, 제66조 제3항「대통령은 조국의 평화적 통일을 위한 성실한 의무를 진다」규정 및 제69조 취임선서「나는 헌법을 준수하고 국가를 보위하며 조국의 평화적 통일과 국민의 자유와 복리의 증진 및 민족문화의 창달에 노력하여」규정 등으로 평화적 통일의 원칙을 규정하고 있다.

다. 정치적 중립의 원칙

1) 헌법 제5조 제2항에서「국군은 국가의 안전보장과 국토방위의 신성한 의무를 수행함을 사명으로 하며, 그 정치적 중립성은 준수된다.」라고 규정하여 군의 정치개입을 금지하고 문민정치의 실현을 기대하고 있다.
2) 국방정책이 국가정책 중에 중대한 비중을 차지하고 있는 만큼 국방과 정치를 완전히 분리하여 생각할 수 없으나. 군인이 적극적으로 어떤 정치적 활동에 참여하게 된다면, 군 자체에 파벌형성, 군기 문란 및 국방의 의무를 충실히 이행할 수 없음은 물론, 국가전체의 정치적 불안을 초래하게 될 것이므로 엄중한 정치적 중립이 준수되어야 하며, 과거 군의 정치관여에 대한 경험으로 인해 1987년 제9차 개헌시 규정되었다.

3) 하위 법규의 정치관여 금지규정 : 군인복무기본법 제33조(정치 운동의 금지) 및 군형법 제94조(정치관여)를 통해 군의 정치적 중립성을 규정하고 있다.

2. 기본권과 군인

가. 군사재판을 받지 않을 권리

민간인은 원칙적으로 군사법원의 재판을 받지 않을 권리가 있다. 그러나 「중대한 군사상 기밀 · 초병 · 초소 · 유독음식물공급 · 포로 · 군용물에 관한 죄 중 법률이 정한 경우와 비상계엄이 선포된 경우」에는 예외적으로 군사법원의 재판을 받을 수 있다(제27조 제2항).

나. 비상계엄하의 군사재판

군인 · 군무원의 범죄나 군사에 관한 간첩죄의 경우와 초병 · 초소 · 유독음식물공급 · 포로에 관한 죄 중 법률이 정한 경우에 한하여 단심으로 할 수 있다(제110조 제4항). 이는 군사법원의 3심제원칙에 반하는 것이나, 비상계엄하의 부득이한 상황 하에서 즉결처분을 위하여 인정되고 있는 것이다. 다만, 사형을 선고한 경우에는 그러하지 아니하다(동조 제4항 단서).

다. 군인 · 군무원의 기본권 제한

특수신분관계에 있는 군인 · 공무원 등에 대하여서는 특수신분관계 본질에서 오는 일정한 제한이 인정되고 있다. 헌법 제27조 제2항은 군인 · 군무원에 대한 특례를 규정하고 있다. 군인 · 군무원은 국방상 필요에 의하여 그 신분이 창설된 것으로 국방의 목적을 위하여 기본권의 제한이 행해지고 있으며, 특별한 규정을 두어 군인 · 군무원은 군사법원의 재판을 받는 것을 원칙으로 하고 있다(제110조). 또한 제29조 제2항은 「군인 · 군무원 · 경찰공무원 기타 법률이 정하는 자가 전투 · 훈련 등 직무집행과 관련하여 받은 손해에 대하여는 법률이 정하는 보상 외에 국가 또는 공공단체에 공무원의 직무상 불법행위로 인한 배상은 청구할 수 없다」라고 규정하고 있다.

3. 군사법원

가. 군사법원의 근거

우리 헌법 제110조 1항에서는 군사재판을 관할하기 위하여 특별법원으로서 군사법원을 둘 수 있고 제3항에서 군사법원의 조직·권한 및 재판관의 자격은 법률로 정한다고 규정하고 있다.

이를 근거로 하여 군사재판을 관할할 군사법원의 조직, 권한, 재판관의 자격 및 심판절차와 군검찰의 조직, 권한 및 수사절차를 정함을 목적으로 군사법원법을 제정하였다.

나. 군사법원의 종류

군사법원법의 개혁을 통해 사법의 독립성과 군 장병의 공정한 재판을 받을 권리를 실질적으로 보장하기 위하여 1심 군사재판을 담당하는 군사법원을 국방부장관 소속으로 설치하며, 기존에 있던 고등군사법원을 폐지하여 일반 법원에서 항소심을 담당하게 하게하였다.

이에 2022년 6월 30일 고등군사법원 및 각 군 군사법원을 해편하고 2022년 7월 1일자로 국방부 직할 군사법원이 만들어졌으며 현재 군사법원은 중앙지역군사법원, 제1지역군사법원, 제2지역군사법원, 제3지역군사법원, 제4지역군사법원이 있다.

다. 군사법원의 구성

개정된 군사법원법 제22조에 따르면 군사법원에서는 군판사 3명을 재판관으로 한다. 과거 보통군사법원에서는 군판사 2인, 심판관 1인을 재판관으로 하였으나 오늘날 개정된 군사법원은 군판사 3명을 재판관으로 심판한다.

라. 군사법원의 재판

군사법원법 제21조에서는 군사법원의 재판관은 헌법과 법률에 의하여 그 양심에 따라 독립하여 심판하고 재판관은 재판에 관한 직무상의 행위로 인하여 징계나 그 밖의 어떠한 불리한 처분도 받지 아니한다.

재판의 심리와 판결은 공개한다. 다만, 공공의 안녕과 질서를 해칠 우려가 있을 때 또는 군사기밀을 보호할 필요가 있을 때에는 군사법원의 결정으로 재판의 심리만은 공개하지 아니할 수 있다(동법 제67조).

마. 2022년 군사법원법의 주요개정 내용

1) 성폭력범죄, 군인등의 사망사건의 원인이 되는 범죄 및 군인등이 그 신분을 취득하기 전에 저지른 범죄를 군사법원의 재판권에서 제외함(제2조제2항).

2) 군 장병의 재판받을 권리를 실질적으로 보장하기 위하여 군사재판 항소심을 서울고등법원으로 이관하는 한편, 군단급 이상의 부대에 설치되어 1심 군사재판을 담당하던 보통군사법원을 폐지하고 국방부에 각 군 군사법원을 통합하여 중앙지역군사법원・제1지역군사법원・제2지역군사법원・제3지역군사법원・제4지역군사법원을 설치함(현행 제5조 삭제, 제6조 및 제10조, 별표 1 신설).

3) 공정한 법원에서 법관에 의한 재판을 받을 권리를 보장하기 위하여, 관할관 확인제도를 폐지함과 아울러 심판관 관련 규정도 삭제함으로써 군판사 외에 심판관이 재판에 참여하던 군사법원의 재판관 구성을 민간 법원의 조직구성과 유사하게 변경하는 한편, 군사법원에서는 군판사 3명을 재판관으로 하고, 군사법원에 부(部)를 둠(제8조 및 제22조).

4) 종전에는 장성급 장교가 지휘하는 부대에 보통검찰부를 설치하였으나 앞으로는 국방부장관 및 각 군 참모총장 소속으로 검찰단을 두는 것으로 변경하는 한편, 군검찰 수사의 독립성을 강화하기 위하여 국방부장관 및 각 군 참모총장은 군검사를 일반적으로 지휘・감독하고, 구체적 사건에 관하여는 소속 검찰단장만을 지휘・감독하도록 함(제36조, 제38조 및 제39조).

제 2 장

형 법

제1절 생명 · 신체에 관한 범죄
제2절 자유에 대한 죄
제3절 명예에 관한 죄
제4절 국가의 존립에 관한 죄
제5절 기 타

제 2 장 형 법

제 1 절 생명 · 신체에 관한 범죄

1. 살인의 죄

제250조(살인, 존속살해)
① 사람을 살해한 자는 사형, 무기 또는 5년 이상의 징역에 처한다.

관련 군형법
제53조(상관 살해와 예비, 음모)

가. 의의

보통 살인죄란 고의로 사람을 살해하는 범죄를 말한다.

나. 구성요건

1) 주체

살인죄의 주체인 '자', 즉 사람은 자연인에 국한되고, 법인이나 법인격 없는 단체는 본죄의 주체가 될 수 없다.

2) 객체

사람이다. 여기서 사람이란 행위자 이외의 생존중인 자연인인 타인을 의미한다. 여기서 타인이란 자연인을 의미하므로 법인은 살인죄의 객체가 될 수 없으며, 행위자 이외의 사람을 말하므로 자신은 객체가 될 수 없다.

3) 행위

사람을 살해하는 것이다.

가) 살해의 의의

살해란 고의로 타인의 생명을 자연적인 사기에 앞서서 단절시키는 것을 말한다. 살해의 수단과 방법에는 제한이 없다.

◉피고인이 7세, 3세 남짓된 어린자식들에 대하여 함께 죽자고 권유하여 물속에 따라 들어오게 하여 결국 익사하게 하였다면 비록 피해자들을 물속에 직접 밀어서 빠뜨리지는 않았다고 하더라도 자살의 의미를 이해할 능력이 없고 피고인의 말이라면 무엇이나 복종하는 어린 자식들을 권유하여 익사하게 한 이상 살인죄의 범의는 있었음이 분명하다. (대법원 1987.01.20. 선고 86도2395)

◎사실관계 및 판단 : 甲은 자신의 3세, 7세 된 아들 乙, 丙과 동반자살하기로 마음을 먹고 이들을 강으로 데리고 갔다. 甲이 먼저 강 속으로 들어가서 자식들을 들어오라고 하자 乙과 丙은 그 말을 듣고 따라 들어가다가 물에 빠져서 익사하였으나 甲은 구조되었다.

나) 실행의 착수

행위자가 살의를 가지고 타인의 생명을 위태롭게 하는 행위를 직접개시하였을 때이다.

◉피고인 甲이 격분하여 피해자 乙를 살해할 것을 마음먹고 밖으로 나가 낫을 들고 피해자 乙에게 다가서려고 하였으나 제3자 이를 제지하여 그 틈을 타서 피해자 乙이 도망함으로써 살인의 목적을 이루지 못한 경우, 피고인 甲이 낫을 들고 피해자 乙에게 접근함으로써 살인의 실행행위에 착수하였다고 할 것이므로 이는 살인미수에 해당한다. (대법원 1986.02.25. 선고 85도2773)

4) 결과

살인죄는 객체의 사망이라는 결과가 발행이 있어야 한다.

5) 인과관계

살인죄가 성립하기 위해서는 살해행위로 인하여 사망의 결과가 발생하고 살해행위와 사망이라는 결과사이에 인과관계가 있을 때 기수가 성립한다. 따라서 사망의 결과가 발생하였더라도 인과관계가 부정된다면 미수범이 될 뿐이다.

◉피고인의 자상행위가 피해자를 사망하게 한 직접적 원인은 아니었다 하더라도 이로부터 발생된 다른 간접적 원인이 결합되어 사망의 결과를 발생하게 한 경우라도 그 행위와 사망간에는 인과관계가 있다고 할 것인바, 이 사건 진단서에는 직접사인 심장마비, 호흡부전, 중간선행사인 패혈증, 급성심부전증, 선행사인 자상, 장골정맥파열로 되어 있으며, 피해자가 부상한 후 1개월이 지난 후에 위 패혈증 등으로 사망하였다 하더라도 그 패혈증이 위 자창으로 인한 과다한 출혈과 상처의 감염 등에 연유한 것인 이상 자상행위와 사망과의 사이에 인과관계의 존재를 부정할 수 없다. (대법원 1982.12.28. 선고 82도2525)

◎사실관계 및 판단 : 피고인甲이 예리한 식도로 피해자乙의 하복부를 찔러 직경 5센티, 길이 15센티미터 이상의 자상을 입힌 결과 내장파열 및 다량의 출혈과 자창의 감염으로 사망하였다.
피고인의 가해행위와 피해자의 사망과의 사이에 인과관계가 있어야 위 피고인을 살인죄로 처벌할 수 있는 것이다. 살인의 실행행위가 피해자의 사망이라는 결과를 발생하게 한 유일한 원인이거나 직접적인 원인이어야만 되는 것은 아니므로 살인의 실행행위와 피해자의 사망과의 사이에 다른 사실이 개재되어 그 사실이 치사의 직접적인 원인이 되었다고 하더라도, 그와 같은 사실이 통상 예견할 수 있는 것에 지나지 않는다면 살인의 실행행위와 피해자의 사망과의 사이에 인과관계가 있는 것으로 보아야 할 것이다.

6) 주관적 구성요건

사람을 살해한다는 인식과 의사가 있어야 한다. 확정적 고의는 물론이고 미필적 고의로도 충분하다. 문제는 고의의 입증인데 고의는 그 사람의 머릿속에 들어있는 주관적 사실이므로 직접적인 증거에 의하여 입증하는 것은 불가능하다. 따라서 피고인이 자백하지 않는 한 고의는 간접증거 내지는 정황증거에 의한 추단만이 가능하다. 판례 역시 '공무집행방해죄에 있어서의 범의(고의)는 상대방이 직무를 집행하는 공무원이라는 사실, 그리고 이에 대하여 폭행 또는 협박을 한다는 사실을 인식하는 것을 그 내용으로 하고, 그 인식은 불확정적인 것이라도 소위 미필적 고의가 있다고 보아야 하며, 그 직무집행을 방해할 의사를 필요로 하지 아니하고 이와 같은 범의(고의)는 피고인이 이를 자백하고 있지 않고 있는 경우에는 그것을 입증함에 있어서는 사물의 성질상 고의와 상당한 관련성이 있는 간접사실을 증명하는 방법에 의할 수밖에 없다'고 판시한 바 있다.

◉건장한 체격의 군인이 왜소한 체격의 피해자를 폭행하고 특히 급소인 목을 설골이 부러질 정도로 세게 졸라 사망케 한 행위에 살인의 범의(고의)가 있다고 본 사례. (대법원 2001.03.09. 선고 2000도5590)

◎사실관계 및 판단 : 피고인甲은 건장한 체격의 군인으로서 키 150㎝, 몸무게 42㎏의 왜소한 피해자乙를 상대로 폭력을 행사하였고 특히 급소인 목을 15초 내지 20초 동안 세게 졸라 피해자의 설골이 부러질 정도였다.

다. 살인예비 · 음모

제255조(예비, 음모)

제250조와 제253조의 죄를 범할 목적으로 예비 또는 음모한 자는 10년 이하의 징역에 처한다.

관련 군형법

제53조(상관 살해와 예비, 음모)

1) 의의

예비란 특정 범죄를 실현할 목적으로 행하여지는 외부적 준비행위로서 아직 실행의 착수에 이르지 아니한 일체의 행위를 말하고, 음모란 2인 이상이 특정한 범죄를 실행할 목적으로 합의하는 것을 말한다. 현행 형법상으로는 예비와 음모는 항상 같이 규정되어 있기에 양자를 구별할 실익은 없다. 따라서 살인예비 · 음모죄란 살인을 실현할 목적으로 행하여지는 외부적 준비행위로서 실행의 착수에 이르지 아니한 일체의 행위 또는 살인을 실행할 목적으로 2인 이상이 합의하는 것을 말한다.

2) 객관적 요건

본죄가 성립하기 위해서는 2인 이상이 모의하거나, 외적인 준비행위가 있어야 한다. 외적인 준비행위는 물적인 것에 한정되지 아니하고 특별한 정형이 있는 것도 아니지만, 단순히 범행의 의사 또는 계획만으로는 그것이 있다고 할 수 없고 객관적으로 보아서 살인죄의 실현에 실질적으로 기여할 수 있는 외적 행위를 필요로 한다.

◉형법 제255조, 제250조의 살인예비죄가 성립하기 위하여는 형법 제255조에서 명문으로 요구하는 살인죄를 범할 목적 외에도 살인의 준비에 관한 고의가 있어야 하며, 나아가 실행의 착수까지에는 이르지 아니하는 살인죄의 실현을 위한 준비행위가 있어야 한다. 여기서의 준비행위는 물적인 것에 한정되지 아니하며 특별한 정형이 있는 것도 아니지만, 단순히 범행의 의사 또는 계획만으로는 그것이 있다고 할 수 없고 객관적으로 보아서 살인죄의 실현에 실질적으로 기여할 수 있는 외적 행위를 필요로 한다. (대법원 2009.10.29. 선고 2009도7150)

◎사실관계 및 판단 : 甲은 丁을 살해하기 이하여 乙과 丙을 고용하고 그들에게 丁의 살인에 대한 대가를 지급하기로 했지만 乙과 丙은 실행의 착수에는 이르지 못하였다. 이에 대법원은 甲에게 살인예비죄의 성립을 인정하였다.

3) 주관적 요건

본죄가 성립하기 위해서는 주관적 구성요건으로 예비·음모행위 자체에 대한 고의 이외에 기본범죄인 살인죄의 구성요건을 실현하려는 목적이 있어야 한다.

2. 상해죄

제257조(상해)

① 사람의 신체를 상해한 자는 7년 이하의 징역, 10년 이하의 자격정지 또는 1천만원 이하의 벌금에 처한다.

관련 군형법

제52조의2(상관에 대한 상해), 제52조의3(상관에 대한 집단상해 등), 제52조의4(상관에 대한 특수상해), 제52조의5(상관에 대한 중상해), 제52조의6(상관에 대한 상해치사), 제58조의2(초병에 대한 상해), 제58조의3(초병에 대한 집단상해 등), 제58조의4(초병에 대한 특수상해), 제58조의5(초병에 대한 중상해), 제58조의6(초병에 대한 상해치사), 제60조의2(직무수행 중인 군인등에 대한 상해), 제60조의3(직무수행 중인 군인등에 대한 집단상해 등), 제60조의4(직무수행 중인 군인등에 대한 중상해), 제60조의5(직무수행 중인 군인등에 대한 상해치사)

가. 서설

상해죄란 고의로 타인의 신체를 상해함으로써 성립하는 범죄이다. 보호법익은 신체의 완전성 중에서도 생리적 기능이며, 보호의 정도는 침해범이다.

나. 구성요건

1) 주체

상해죄의 주체인 '자', 즉 사람은 자연인에 국한한다.

2) 객체

자기 이외의 타인의 신체이다.

3) 행위

본죄의 행위는 상해의 결과를 초래하는 일체의 행위이다. 상해행위의 수단, 방법에는 제한 없다.

4) 결과

상해죄가 성립되기 위해서는 상해의 결과가 발생하여야 한다. 이러한 상해의 개념을 어떻게 파악할 것인가에 대하여 판례는 상해를 신체의 완전성에 대한 침해로 보기도 하고 생리적 기능에 장애를 초래하는 행위를 상해로 보기도 한다. 이렇듯 판례는 상해의 개념에 대하여 혼재하고 있지만 기본적으로는 생리적 기능장애로 보고 있다.

> ◉상해는 피해자의 신체의 완전성을 훼손하거나 생리적 기능에 장애를 초래하는 것으로, 반드시 외부적인 상처가 있어야만 하는 것이 아니고, 여기서의 생리적 기능에는 육체적 기능뿐만 아니라 정신적 기능도 포함된다. (대법원 1999.01.26. 선고 98도3732)
>
> ◉타인의 신체에 폭행을 가하여 보행불능, 수면장애, 식욕 감퇴 등 기능의 장해를 일으킨 때에는 외관상 상처가 없더라도 형법상 상해를 입힌 경우에 해당한다 할 것. (대법원 1969.03.11. 선고 69도161)

5) 인과관계

상해죄에 있어서 행위와 결과인 상해사이에 인과관계가 인정되어야 한다. 따라서 상해의 고의로 상해의 결과가 발생한 경우 상해의 인과관계가 인정되어 상해의 기수가 인정되나 상해의 고의로 폭행의 결과에 그친 경우에는 상해미수가 성립한다.

6) 고의

상해의 고의로 사람의 생리적 기능을 훼손한다는 인식과 의사가 있어야 한다. 따라서 폭행의 고의로 폭행을 하였으나 상해가 발생한 경우 상해죄가 아닌 폭행치상죄가 성립한다. 그러나 폭행치상죄는 상해죄와 동일하게 처벌되기에 구별실익이 없다.

다. 중상해죄

제258조(중상해)
① 사람의 신체를 상해하여 생명에 대한 위험을 발생하게 한 자는 1년 이상 10년 이하의 징역에 처한다.
② 신체의 상해로 인하여 불구 또는 불치나 난치의 질병에 이르게 한 자도 전항의 형과 같다.

관련 군형법
제52조의5(상관에 대한 중상해), 제58조의5(초병에 대한 중상해), 제60조의4(직무수행 중인 군인등에 대한 중상해)

1) 의의와 법적성격

중상해죄란 단순히 타인의 생리적 기능에 장애를 야기하는 것이 아니라 그 정도를 넘어서 생명에 대한 위험을 발생하게 하거나, 불구 또는 불치나 난치의 질병에 이르게 함으로써 성립하는 범죄를 말한다.

2) 중상해의 결과

생명에 대한 위험이나 불구 또는 불치나 난치의 질병에 이른 것을 말한다.

라. 상해치사죄

제259조(상해치사)
① 사람의 신체를 상해하여 사망에 이르게 한 자는 3년 이상의 유기징역에 처한다.

관련 군형법

제52조의6(상관에 대한 상해치사), 제58조의6(초병에 대한 상해치사), 제60조의5(직무수행 중인 군인등에 대한 상해치사)

상해치사죄란 사람의 신체를 상해하여 치사하게 함으로써 성립하는 범죄이다. 이는 결과적 가중범의 전형적 범죄이다. 결과적가중범이란 고의에 의한 기본범죄에 의하여 행위자가 예견하지 못한 중한 결과가 발생한 경우 그 형이 가중되는 경우를 말하는데, 상해치사죄의 경우 가해자는 상해의 고의로 상해를 가했으나 피해자가 사망하여 살인이라는 예기치 못한 결과가 발생하였을 경우 상해치사죄로 처벌한다.

3. 폭행죄

제260조(폭행)

① 사람의 신체에 대하여 폭행을 가한 자는 2년 이하의 징역, 500만원 이하의 벌금, 구류 또는 과료에 처한다.

관련 군형법

제48조(상관에 대한 폭행, 협박), 제49조(상관에 대한 집단 폭행, 협박 등), 제50조(상관에 대한 특수 폭행, 협박), 제52조(상관에 대한 폭행치사상), 제54조(초병에 대한 폭행, 협박), 제55조(초병에 대한 집단 폭행, 협박 등), 제56조(초병에 대한 특수 폭행, 협박), 제58조(초병에 대한 폭행치사상), 제60조(직무수행 중인 군인등에 대한 폭행, 협박 등)

가. 의의

폭행죄란 사람의 신체에 대하여 폭행을 가함으로써 성립하는 범죄를 말한다. 폭행죄의 보호법익은 신체의 완전성이며, 보호받는 정도는 침해범이다.

나. 구성요건

1) 주체

폭행죄의 주체인 '자', 즉 사람은 자연인에 국한한다.

2) 객체

사람의 신체이다. 사람은 자연인인 타인을 의미하므로 자신의 신체는 폭행죄의 객체가 되지 아니한다.

3) 행위

폭행죄의 행위는 폭행이다.

폭행죄의 전형적 경우
① 빰을 때리는 행위
② 밀치는 행위
③ 침을 뱉는 행위
④ 모발이나 수염을 자르는 행위
⑤ 고함을 질러서 놀라게 하는 행위
⑥ 계속 전화를 걸어서 벨이 울리게 하는 행위

폭행죄에서 폭행이란 협의의 폭행으로서 사람의 신체에 대한 직접적인 유형력의 행사를 말한다. 여기서 유형력의행사는 신체적 고통을 주는 물리력의 작용을 의미한다. 따라서 단순히 물건에 대한 유형력의 행사는 간접적 유형력의 행사이기에 폭행죄의 직접적인 유형력의 행사에 해당하지 않는다. 그리고 사람의 신체에 대한 유형력의 행사라면 족하기에 반드시 신체에 직접 접촉할 것을 요하지 않는다. 따라서 사람에게 돌을 던졌으나 명중하지 않는 경우도 폭행죄의 폭행에 해당된다.

◉피해자의 신체에 공간적으로 근접하여 고성으로 폭언이나 욕설을 하거나 동시에 손발이나 물건을 휘두르거나 던지는 행위는 직접 피해자의 신체에 접촉하지 아니하였다 하더라도 피해자에 대한 불법한 유형력의 행사로서 폭행에 해당될 수 있는 것이지만, 거리상 멀리 떨어져 있는 사람에게 전화기를 이용하여 전화하면서 고성을 내거나 그 전화 대화를 녹음 후 듣게 하는 경우에는 특수한 방법으로 수화자의 청각기관을 자극하여 그 수화자로 하여금 고통스럽게 느끼게 할 정도의 음향을 이용하였다(ex. 삐~~~)는 등의 특별한 사정이 없는 한 신체에 대한 유형력의 행사를 한 것으로 보기 어렵다. (대법원 2003.01.10. 선고 2000도5716)

◎판단 : 형법 제260조에 규정된 폭행죄는 사람의 신체에 대한 유형력의 행사를 가리키며, 그 유형력의 행사는 신체적 고통을 주는 물리력의 작용을 의미하므로 신체의 청각기관을 직접 자극하는 음향도 경우에 따라서는 유형력에 포함될 수 있다. 하지만, 언어에 의해 사람에게 공포심을 일으키는 경우는 폭행이라기보다는 협박죄로 의율하여야 할 것이다.

4) 고의

본죄가 성립하기 위해서는 폭행의 고의가 있어야 한다. 본 죄의 고의는 사람의 신체에 대한 유형력의 행사에 대한 인식과 의사라는 것이다. 주의할 것은 상해의 고의와 폭행의 고의는 구별되기에 상해의 고의를 가지고 폭행을 결과했을 때에는 폭행죄가 아니라 상해미수죄가 성립할 뿐이다.

다. 특수폭행죄

제261조(특수폭행)

단체 또는 다중의 위력을 보이거나 위험한 물건을 휴대하여 제260조제1항 또는 제2항의 죄를 범한 때에는 5년 이하의 징역 또는 1천만원 이하의 벌금에 처한다.

관련 군형법
제50조(상관에 대한 특수 폭행, 협박)

1) 의의

단체 또는 다중의 위력을 보이거나 위험한 물건을 휴대하여 사람의 신체에 폭행을 가함으로써 성립하는 범죄이다. 특수폭행죄는 단순폭행죄에 비하여 행위방법의 위험성 때문에 형이 가중되는 경우이다.

2) 구성요건

가) 단체 또는 다중의 위력을 보인 경우

단체란 공동목적을 가진 다수인의 조직적이고 계속적인 결합체를 말한다. 이때 구성원은 최소한의 위력을 보일 정도의 다수이여야 한다. 일시적인 집회는 계속성을 가질 수 없기에 단체가 될 수 없다. 다중이란 단체정도에 이루지 못한 다수인의 단순한 집합을 의미한다. 따라서 조직을 갖추지 않은 일시적인 집회라도 다중으로 볼 수 있다. 이때도 구성원은 최소한의 위력을 보일정도의 다수이어야 한다.

나) 위력

위력은 사람의 의사를 제압할 수 있는 세력으로서 유형력·무형력을 불문한다. 위력을 보임은 사람의 의사를 제압할 수 있는 세력을 상대에게 인식시키는 것이다.

다) 위험한 물건의 휴대

위험한 물건이란 그 물건의 성질이나 사용방법에 따라서 사람의 생명이나 신체를 침해할 수 있는 일체의 물건을 말한다. 물건의 본래 용도가 무엇인지는 불문하고 구체적인 상황속에서 사람의 생명이나 신체를 침해할 수 있는 물건이면 위험한 물건에 속한다. 판례는 위험한 물건의 유형으로 ①면도칼, ②파리약 유리병, ③드라이버, ④쪽가위, ⑤시멘트벽돌, ⑥깨진 맥주병,

⑦부러뜨린 걸레자루, ⑧자동차, ⑨농약, ⑩실탄이 장전되지 않은 공기총 등을 판시한바 있다.

휴대란 물건을 몸에 지니는 것을 말하는데 대부분은 폭행행위 전에 물건을 몸에 지니게 되겠지만 폭행현장에서 위험한 물건을 집어들 수도 있다. 어느 경우이든지 모두 휴대의 개념에 포함된다.

◉피고인이 甲과 운전 중 발생한 시비로 한차례 다툼이 벌어진 직후 甲이 계속하여 피고인이 운전하던 자동차를 뒤따라온다고 보고 순간적으로 화가 나 甲에게 겁을 주기 위하여 자동차를 정차한 후 4 내지 5m 후진하여 甲이 승차하고 있던 자동차와 충돌한 사안에서, 피고인 운전의 자동차를 폭력행위 등 처벌에 관한 법률 제3조 제1항이 정한 '위험한 물건'에 해당한다고 본 사례. (대법원 2010.11.11. 선고 2010도10256)

◎해설 : 자동차의 경우 살상의 목적으로 만들어진 물건은 아니지만 이 사건의 경우와 같이 차 앞을 가로막고 있는 피해자를 밀어뜨리는 데 사용한다면 객관적으로 위험성이 증대된다고 볼 수 있으므로 '위험한 물건'에 해당한다고 해석할 것이다.

라) 고의

본죄는 고의범이므로 단체 또는 다중의 위력을 보이거나 위험한 물건을 휴대한다는 사실과 폭행한다는 점에 대한 인식과 의사가 있어야 한다. 따라서 범행과 무관하게 우연하게 소지하게 된 경우는 단순폭행죄만이 성립하게 된다.

라. 폭행치사상죄

제262조(폭행치사상)

전2조(폭행, 존속폭행, 특수폭행)의 죄를 범하여 사람을 사상에 이르게 한때에는 제257조 내지 제259조의 예에 의한다.

관련 군형법

제52조(상관에 대한 폭행치사상)

폭행죄 또는 특수폭행죄를 범하여 사람을 사상에 이르게 함으로써 성립하는 결과적가중범이다. 따라서 폭행 또는 특수폭행에 대한 고의가 있어야 하고 폭행과 사상의 결과 간에는 인과관계가 있어야 한다. 그리고 중한 사상의 결과에 대하여는 행위자의 과실이 있어야 한다.

◉어린애를 업은 사람을 밀어 넘어뜨려 그 결과 어린애가 사망하였다면 폭행치사죄가 성립된다. (대법원 1972.11.28. 선고 72도2201)

◎사실관계 및 판단 : 피고인 甲이 빚 독촉을 하다가 시비 중 멱살을 잡고 대드는 乙의 손을 뿌리치고 乙을 뒤로 밀어 넘어뜨려 아래로 구르게 하여 乙의 등에 업힌 그 딸 丙에게 두개골절 등 상해를 입혀 그로 말미암아 丙을 사망케 한 사실이 인정된다.

피고인 甲이 폭행을 가한 대상자乙과 그 폭행의 결과 사망한 대상자 丙은 서로 다른 인격자라 할지라도 위와 같이 어린애를 업은 사람을 밀어 넘어뜨리면 그 어린애도 따라서 필연적으로 넘어질 것임은 피고인도 예견하였을 것이므로 어린애를 업은 사람을 넘어뜨린 행위는 그 어린애에 대해서도 역시 폭행이 된다 할 것이고, 따라서 원심이 피고인을 폭행치사죄로 인정한 조처에는 인과 관계를 오인한 위법이 없다.

제 2 절 자유에 대한 죄

1. 협박죄

제283조(협박, 존속협박)

① 사람을 협박한 자는 3년 이하의 징역, 500만원 이하의 벌금, 구류 또는 과료에 처한다.

② 자기 또는 배우자의 직계존속에 대하여 제1항의 죄를 범한 때에는 5년 이하의 징역 또는 700만원 이하의 벌금에 처한다.

③ 제1항 및 제2항의 죄는 피해자의 명시한 의사에 반하여 공소를 제기할 수 없다.

관련 군형법

제48조(상관에 대한 폭행, 협박), 제49조(상관에 대한 집단 폭행, 협박 등), 제50조(상관에 대한 특수 폭행, 협박), 제52조(상관에 대한 폭행치사상), 제54조(초병에 대한 폭행, 협박), 제55조(초병에 대한 집단 폭행, 협박 등), 제56조(초병에 대한 특수 폭행, 협박), 제58조(초병에 대한 폭행치사상), 제60조(직무수행중인 군인등에 대한 폭행, 협박 등)

가. 의의

협박죄는 사람에게 해악을 고지함으로써 개인의 의사결정의 자유를 침해하는 범죄이다. 이러한 협박죄의 보호법익은 의사결정의 자유이다.

나. 구성요건

1) 주체

본죄의 주체에는 제한이 없으나 피해자와 일정한 신분관계가 있는 경우에는 형이 가중된다.

2) 객체

협박죄의 객체는 해악의 고지에 의하여 공포심을 느낄 수 있는 정신능력이 있는 사람이다. 따라서 공포심을 느낄 수 없는 정신병자나 수면자 등은 객체에 포함되지 아니한다.

3) 행위

협박을 하는 것이다. 이때 협박의 정도는 피협박자에게 객관적으로 현실적인 외포심(=공포)을 일으킬 정도의 해악의 고지가 있어야 하는 것이다. 판례는 사람으로 하여금 의사결정의 자유를 제한하거나 의사실행의 자유를 방해할 정도로 겁을 먹게 할 만한 해악을 고지하는 것이라 판시한바 있다. 따라서 해악을 고지하지 아니한 폭언은 협박이라 할 수 없다.[1)]

◉피해자와 언쟁 중 "입을 찢어 버릴라"라고 한 말은 당시의 주위사정 등에 비추어 단순한 감정적인 욕설에 불과하고 피해자에게 해악을 가할 것을 고지한 행위라고 볼 수 없어 협박에 해당하지 않는다. (대법원 1986.07.22. 선고 86도1140)

4) 고의

상대방에게 해악을 고지하여 외포심을 느끼게 한다는 사실에 대한 인식과 의사가 있어야 한다.

다. 반의사불벌죄

본죄는 반의사불벌죄이므로 비록 협박죄가 성립하더라도 피해자의 명시한 의사에 반하여 공소를 제기할 수 없다.

1) 김형청, 형법, 422

2. 강간죄

제297조(강간)
폭행 또는 협박으로 사람을 강간한 자는 3년 이상의 유기징역에 처한다.

관련 군형법
제84조(전지 강간), 제92조(강간), 제92조의2(유사강간), 제92조의4(준강간, 준강제추행), 제92조의7(강간 등 상해・치상), 제92조의8(강간 등 살인・치사)

가. 의의

강간죄는 폭행 또는 협박으로 사람을 강간함으로써 성립하는 범죄이다. 종래에는 강간과 추행의 죄에 대하여는 친고죄 규정이 있었으나, 2012년 개정으로 친고죄의 규정을 삭제하였으므로 이제는 강간과 추행의 죄는 모두 비친고죄이다.

나. 구성요건

1) 객체

사람이다. 종래에는 '부녀'로 규정을 하였으나 2012년 개정으로 '사람'으로 변경을 하였다. 이에 따라 남성에서 여성으로 성전환한 자가 강간죄의 객체가 될 수 있는지 논의가 있었지만, 2012년 개정으로 남성도 강간죄의 객체가 되었기에 논의실익이 없어졌다.

2) 행위

폭행 및 협박을 하여 사람을 강간하는 것이다. 여기서 폭행이란 사람에 대한 유형력의 행사를 말하며, 협박이란 해악의 고지를 의미한다.

◉강간을 목적으로 피해자의 집에 침입하여 안방에서 자고 있는 피해자의 가슴과 엉덩이를 만지면서 간음을 기도하였다는 사실만으로 강간죄의 실행의 착수가 있었다고 볼 수 없다. 강간죄의 실행의 착수가 있었다고 하려면 강간의 수단으로서 폭행이나 협박을 한 사실이 있어야 할 터인데 피고인이 강간할 목적으로 피해자의 집에 침입하였다 하더라도 안방에 들어가 누워 자고 있는 피해자의 가슴과 엉덩이를 만지면서 간음을 기도하였다는 사실만으로는 강간의 수단으로 피해자에게 폭행이나 협박을 개시하였다고 하기는 어렵다. (대법원 1990.05.25. 선고 90도607)

3) 주관적 구성요건

폭행 · 협박에 의하여 사람을 강간한다는 인식과 의사인 고의가 있어야 한다.

3. 강제추행죄

제298조(강제추행)

폭행 또는 협박으로 사람에 대하여 추행을 한 자는 10년 이하의 징역 또는 1천500만원 이하의 벌금에 처한다.

관련 군형법

제92조의3(강제추행), 제92조의4(준강간, 준강제추행)

가. 의의

강제추행죄는 폭행 또는 협박으로 사람에 대하여 추행함으로써 성립하는 범죄이다.

나. 구성요건

1) 주체와 객체

강제추행죄의 주체와 객체는 사람이다.

2) 행위

폭행·협박으로 추행하는 것이다. 여기서 폭행·협박이란 상대방에 대하여 폭행 또는 협박을 가하여 항거를 곤란하게 한 뒤에 추행행위를 하는 경우뿐만 아니라 폭행행위 자체가 추행행위라고 인정되는 경우도 포함되는 것이며, 이 경우에 있어서의 폭행은 반드시 상대방의 의사를 억압할 정도의 것임을 요하지 않고 상대방의 의사에 반하는 유형력의 행사가 있는 이상 그 힘의 대소강약을 불문한다.

추행이란, 객관적으로 일반인에게 성적 수치심이나 혐오감을 일으키게 하고 선량한 성적 도덕관념에 반하는 행위로서 피해자의 성적 자유를 침해하는 것이다.

◉피고인이 엘리베이터 안에서 피해자를 칼로 위협하는 등의 방법으로 꼼짝하지 못하도록 하여 자신의 실력적인 지배하에 둔 다음 자위행위 모습을 보여준 행위가 강제추행죄의 추행에 해당한다고 본 사례. (대법원 2010.02.25. 선고 2009도13716)

3) 고의

강제추행에 대한 고의, 즉 폭행 또는 협박에 의하여 추행한다는 인식과 의사가 있어야 한다.

제 3 절 명예에 관한 죄

1. 명예훼손죄

제307조(명예훼손)

① 공연히 사실을 적시하여 사람의 명예를 훼손한 자는 2년 이하의 징역이나 금고 또는 500만원 이하의 벌금에 처한다.

② 공연히 허위의 사실을 적시하여 사람의 명예를 훼손한 자는 5년 이하의 징역, 10년 이하의 자격정지 또는 1천만원 이하의 벌금에 처한다.

가. 의의

명예훼손죄는 공연히 사실을 적시하거나 또는 허위의 사실을 적시하여 타인의 명예를 훼손함으로써 성립하는 범죄이다. 여기서 명예란, 사람의 인격적 가치에 대하여 타인에 의해서 일반적으로 주어지는 사회적 평가를 말한다.

나. 구성요건

1) 행위

공연히 사실 또는 허위의 사실을 적시하여 명예를 훼손하는 것을 말한다.

◉명예훼손죄의 구성요건인 공연성은 불특정 또는 다수인이 인식할 수 있는 상태를 의미하고, 비록 개별적으로 한사람에 대하여 사실을 유포하였다고 하더라도 그로부터 불특정 또는 다수인에게 전파될 가능성이 있다면 공연성의 요건을 충족하지만 이와 달리 전파될 가능성이 없다면 특정한 한 사람에 대한 사실의 유포는 공연성을 결한다. (대법원 2000.05.16. 선고 99도5622)

2) 사실의 적시

사실의 적시에서 '사실'이란 오관의 작용에 의하여 감지할 수 있을 정도로 현실화되고 입증이 가능한 과거 또는 현재의 구체적인 사건이나 상태를 말하며 사실의 '적시'란 명예훼손적인 사실을 사회적인 외부세계에 표시 · 주장 · 발설 · 전달하는 일체의 행위를 말한다.

◉"아무것도 아닌 똥꼬다리 같은 놈"이라는 구절은 모욕적인 언사일 뿐 구체적인 사실의 적시라고 할 수 없고 "잘 운영되어 가는 어촌계를 파괴하려 한다"는 구절도 구체적인 사실의 적시라고 할 수 없으므로 명예훼손죄에 있어서의 사실의 적시에 해당한다고 볼 수 없다. (대법원 1989.03.14. 선고 88도1397)

3) 고의

타인의 명예를 훼손하는 데 적합한 사실 또는 허위사실을 공연히 적시한다는 인식이 있어야 한다. 그리고 적시한 사실이 진실한 사실인지 또는 허위의 사실인지에 대한 인식도 고의의 내용이 된다.

다. 제310조 위법성 조각

제310조(위법성의 조각)
제307조제1항의 행위가 진실한 사실로서 오로지 공공의 이익에 관한 때에는 처벌하지 아니한다.

형법 제310조는 제307조 제1항의 행위가 진실한 사실로서 오로지 공공의 이익에 관한 때에는 처벌하지 아니한다고 하여 명예에 관한 죄의 특별한 위법성 조각사유를 규정하고 있다. 위 취지는 개인의 명예보호와 민주주의 사회의 근간을 이루는 언론의 자유의 보장을 적절한 수준에서 조화시키고자 함에 있다.

◉공연히 사실을 적시하여 사람의 명예를 훼손하는 행위가 진실한 사실로서 오로지 공공의 이익에 관한 때에는 형법 제310조에 따라 처벌할 수 없는데, 여기에서 '진실한 사실'이란 그 내용 전체의 취지를 살펴볼 때 중요한 부분이 객관적 사실과 합치되는 사실이라는 의미로서 일부 자세한 부분이 진실과 약간 차이가 나거나 다소 과장된 표현이 있다고 하더라도 무방하고, '공공의 이익'이라 함은 널리 국가·사회 기타 일반 다수인의 이익에 관한 것뿐만 아니라 특정한 사회집단이나 그 구성원의 관심과 이익에 관한 것도 포함한다.
전국교직원노동조합 소속 교사가 작성·배포한 보도 자료의 일부에 사실과 다른 기재가 있으나 전체적으로 그 기재 내용이 진실하고 공공의 이익을 위한 것이라고 보아 명예훼손죄의 위법성이 조각된다고 한 사례. (대법원 2001.10.09. 선고 2001도3594)

2. 모욕죄

제311조(모욕)
공연히 사람을 모욕한 자는 1년 이하의 징역이나 금고 또는 200만원 이하의 벌금에 처한다.

관련 군형법
제64조(상관 모욕 등), 제65조(초병 모욕)

가. 의의

모욕죄란 명예훼손죄의 한 유형으로서, 공연히 사람을 모욕함으로써 성립한다. 모욕죄는 사실의 적시가 없다는 점에서 명예훼손죄와는 구별이 된다.

나. 구성요건

1) 주체

자연인인 개인이다.

2) 객체

본죄의 객체는 사람이다. 여기서 사람은 자연인, 법인, 법인격 없는 단체까지 포함한다. 단 사자(死者)는 여기서 말하는 사람에는 포함하지 않는다. 명예의 주체는 특정되어 있어야 하기에 '서울시민', '강원도 도민'과 같은 막연한 표시는 모욕죄가 성립되지 않는다.

3) 행위

본죄의 행위는 공연히 사람을 모욕하는 것이다. 여기서 '공연히'란 불특정 또는 다수인이 인식할 수 있는 상태라 보고 판례 역시 동일한 입장이다. 또한 '모욕'이란 사람에 대한 경멸의 의사표시를 말하며 모욕의 방법에는 제한이 없어 문서, 언어, 거동에 의한 것도 가능하다. 예컨대, 죽일 놈, 개자식, 빨갱이 계집아, 첩년은 모욕에 해당한다.[2)]

4) 주관적 구성요건

본죄가 성립하기 위해서는 공연히 사람을 모욕한다는 고의가 있어야 한다.

---

2) 김형청, 형법, 465

◉모욕죄는 특정한 사람 또는 인격을 보유하는 단체에 대하여 사회적 평가를 저하시킬 만한 경멸적 감정을 표현함으로써 성립하는 것이므로 그 피해자는 특정되어야 한다. 그리고 이른바 집단표시에 의한 모욕은, 모욕의 내용이 그 집단에 속한 특정인에 대한 것이라고는 해석되기 힘들고, 집단표시에 의한 비난이 개별구성원에 이르러서는 비난의 정도가 희석되어 구성원 개개인의 사회적 평가에 영향을 미칠 정도에 이르지 아니한 경우에는 구성원 개개인에 대한 모욕이 성립되지 않는다고 봄이 원칙이고, 그 비난의 정도가 희석되지 않아 구성원 개개인의 사회적 평가를 저하시킬 만한 것으로 평가될 경우에는 예외적으로 구성원 개개인에 대한 모욕이 성립할 수 있다. 한편 구성원 개개인에 대한 것으로 여겨질 정도로 구성원 수가 적거나 당시의 주위 정황 등으로 보아 집단 내 개별구성원을 지칭하는 것으로 여겨질 수 있는 때에는 집단 내 개별구성원이 피해자로서 특정된다고 보아야 할 것인데, 그 구체적인 기준으로는 집단의 크기, 집단의 성격과 집단 내에서의 피해자의 지위 등을 들 수 있다. (대법원 2014.03.27. 선고 2011도15631)

◎사실관계 및 판단 : 국회의원이었던 피고인이 국회의장배 전국 대학생 토론대회에 참여했던 학생들과 저녁회식을 하는 자리에서, 장래의 희망이 아나운서라고 한 여학생들에게 (아나운서 지위를 유지하거나 승진하기 위하여) “다 줄 생각을 해야 하는데, 그래도 아나운서 할 수 있겠느냐. ○○여대 이상은 자존심 때문에 그렇게 못하더라”라는 등의 말을 함으로써 공연히 8개 공중파 방송 아나운서들로 구성된 △△△△△△연합회 회원인 여성 아나운서 154명을 각 모욕하였다. 피해자들을 비롯한 여성 아나운서들은 방송을 통해 대중에게 널리 알려진 사람들이어서 그 생활 범위 내에 있는 사람들이 문제된 발언과 피해자들을 연결시킬 가능성이 있다는 이유만으로 곧바로 그 집단 구성원 개개인에 대한 모욕이 된다고 평가하게 되면 모욕죄의 성립 범위를 지나치게 확대시킬 우려가 있는 점 등을 종합해 보면, 피고인의 이 사건 발언은 여성 아나운서 일반을 대상으로 한 것으로서 그 개별구성원인 피해자들에 이르러서는 비난의 정도가 희석되어 피해자 개개인의 사회적 평가에 영향을 미칠 정도에까지는 이르지 아니하므로 형법상 모욕죄에 해당한다고 보기는 어렵다.

제 4 절 국가의 존립에 관한 죄

1. 내란죄

제87조(내란)

국토를 참절하거나 국헌을 문란할 목적으로 폭동한 자는 다음의 구별에 의하여 처단한다.

1. 수괴는 사형, 무기징역 또는 무기금고에 처한다.
2. 모의에 참여하거나 지휘하거나 기타 중요한 임무에 종사한 자는 사형, 무기 또는 5년 이상 징역이나 금고에 처한다. 살상, 파괴 또는 약탈의 행위를 실행한 자도 같다.
3. 부화수행하거나 단순히 폭동에만 관여한 자는 5년 이하의 징역 또는 금고에 처한다.

가. 의의

내란죄는 국토를 참절하거나 국헌을 문란케 할 목적으로 폭동함으로써 성립하는 범죄이다. 보호법익은 국가의 내적 안전이다.

나. 구성요건

1) 주체

주체는 제한이 없지만 상당수의 다수인의 공동을 필요로 한다. 다만, 그 주체는 폭동을 조직 및 지휘 통솔하는 수괴, 수괴를 보좌하여 폭동계획에 참여하는 모의참여자, 폭동에 있어서 다수인의 전부 또는 일부를 지휘하는 지휘자, 모의참여자와 지휘자 이외의 자로서 폭동에 관하여 중요한 책임 있는 지위에 있는 중요임무종사자 그리고 막연하게 폭동에 참가하여 폭동의 세력을 확장 및 증대시키는 부화수행자 또는 단순관여자로 분류할 수 있다.

2) 행위

폭동을 하는 것이다. 여기서 '폭동'이란 다수인이 결합하여 살상 · 파괴 · 폭행 · 협박하는 국가의 평온을 해하는 일체의 행위이다. 폭동은 적어도 한 지방의 평온을 해할 것을 요한다.

3) 주관적 구성요건

다수인이 집합하여 폭동한다는 인식 및 의사가 있어야 한다. 더불어 국토를 참절하거나 국헌을 문란할 목적이 있어야 한다.

2. 간첩죄

제98조(간첩)

① 적국을 위하여 간첩하거나 적국의 간첩을 방조한 자는 사형, 무기 또는 7년 이상의 징역에 처한다.

② 군사상의 기밀을 적국에 누설한 자도 전항의 형과 같다.

관련 군형법

제13조(간첩)

가. 의의

간첩죄는 적국을 위해 간첩하거나 적국의 간첩을 방조하거나 또는 군사상 기밀을 적국에 누설함으로써 성립하는 범죄이다.

나. 구성요건

본죄의 구성요건 적국을 위하여 간첩을 하거나, 적국의 간첩을 방조하거나, 군사상 기밀을 적국에 누설하는 3가지 행위이다.

1) 적국을 위하여 간첩

여기서 '간첩'이란 적국을 위하여 국가기밀을 탐지 및 수집을 하고 이를 적국에 누설하는 것을 말한다. 여기서 '적국'이란 대한민국에 적대하는 외국 또는 외국인의 단체를 말하며 북한도 본죄의 적국에 해당한다. '국가기밀'이란 대한민국의 외적 안전에 중대한 불이익이 될 위험을 회피하기 위하여 한정된 인적범위에서만 입수되고 또한 타국에 비밀로 해야 할 사실·대상 또는 지식을 말한다.

◉현행 국가보안법 제4조 제1항 제2호 (나)목에 정한 기밀을 해석함에 있어서 그 기밀은 정치, 경제, 사회, 문화 등 각 방면에 관하여 반국가단체에 대하여 비밀로 하거나 확인되지 아니함이 대한민국의 이익이 되는 모든 사실, 물건 또는 지식으로서, 그것들이 국내에서의 적법한 절차 등을 거쳐 이미 일반인에게 널리 알려진 공지의 사실, 물건 또는 지식에 속하지 아니한 것이어야 하고, 또 그 내용이 누설되는 경우 국가의 안전에 위험을 초래할 우려가 있어 기밀로 보호할 실질가치를 갖춘 것이어야 한다. (대법원 1997.07.16. 선고 97도985)

이러한 간첩죄의 실행의 착수시기는 대남간첩의 경우에는 판례는 간첩하기 위하여 국내에 잠입·입국할 때 실행의 착수가 있다고 보고 있으며 다만, 고정간첩의 경우에는 국가기밀을 탐지 및 수집을 할 때에 실행의 착수가 있다고 판시한바 있다.

◉간첩의 목적으로 외국 또는 북한에서 국내에 침투 또는 월남하는 경우에는 기밀탐지가 가능한 국내에 침투 상륙함으로써 실행의 착수가 있다고 할 것 (대법원 1984.09.11. 선고 84도1381)

2) 적국의 간첩을 방조

간첩방조란 적국의 간첩이라는 정을 알면서 그의 간첩행위를 원조하여 그 실행을 용이하게 하는 일체의 행위를 말한다. 따라서 간첩행위 그 자체를 방조하여야 하므로 간첩행위가 아닌 간첩에게 숙식의 편의나 은닉처를 제공하는 것은 간첩방조에 해당하지 아니한다. 간첩의 간첩행위를 방조하는 이상 방조의 수단 및 방법은 묻지 않는다. 이러한 간첩방조죄는 간첩죄와 대등한 독립된 범죄이기에 동일하게 처벌하므로 총론상의 종범 규정은 적용될 여지가 없다.

◉간첩이라 함은 적국을 위하여 국가기밀을 탐지, 수집하는 행위를 말하는 것이므로 간첩방조죄가 성립하려면 간첩의 활동을 방조할 의사로서 그의 기밀의 탐지 수집행위를 용이하게 하는 행위가 있어야 하고 단순히 숙식을 제공한다거나 또는 무전기를 매몰하는 행위를 도와주었다거나 하는 사실만으로서는 간첩방조죄가 성립할 수 없다. (대법원 1986.02.25. 선고 85도2533)

3) 군사상의 기밀을 적국에 누설

'군사상 기밀을 적국에 누설'한다라고 하는 것은 군사기밀임을 알면서 적국 또는 간첩에게 알리는 것을 말한다. 본죄의 주체는 직무상·군사상 기밀을 지득한 자에 한한다. 일반인이 군사기밀을 누설한 경우에는 일반이적죄가 성립한다.

제 5 절 기 타

1. 손괴죄

제366조(재물손괴등)
타인의 재물, 문서 또는 전자기록 등 특수매체기록을 손괴 또는 은닉 기타 방법으로 기 효용을 해한 자는 3년 이하의 징역 또는 700만원 이하의 벌금에 처한다.

관련 군형법
제68조(폭발물 파열), 제69조(군용시설 등 손괴), 제70조(노획물 훼손), 제71조(함선·항공기의 복몰 또는 손괴)

가. 의의

타인의 재물, 문서 또는 전자기록 등 특수매체기록을 손괴·은닉하거나 기타의 방법으로 그 효용을 해함으로써 성립하는 범죄이다. 그 법적성격은 불법영득의사가 필요 없는 죄이다.

나. 구성요건

1) 객체

타인의 재물, 문서 또는 전자기록 등 특수매체기록이다. 여기서 '재물'이란, 유체물 뿐만 아니라 관리할 수 있는 동력을 포함하고, 동산·부동산을 불문하며, 동물도 여기에 해당한다. 경제적 교환가치가 없더라도 상관없다.

'문서'란 형법 제141조 제1항의 공용서류에 해당하지 않는 모든 문서를 말한다. 여기서는 공문서·사문서를 불문하며, 사문서는 사문서 위조죄와는 달리 반드시 권리·의무나 사실증명에 관한 것임을 요하지 않지만, 거기에 표시된 내용이 적어도 법률상 또는 사회생활상 중요한 사항에 관한 것이어야 하며, 재산적 이용가치 내지 효용성이 있어야 한다.

'전자기록 등 특수매체기록'이란 사람의 지각에 의하여 인식될 수 없는 방식에 의하여 작성되어 컴퓨터 등 정보처리장치에 의한 정보처리를 위하여 제공된 기록을 말하며, 전자기록뿐만 아니라 전자기록이나 광학기록을 포함한다.

◉손괴죄의 객체인 문서란 거기에 표시된 내용이 적어도 법률상 또는 사회생활상 중요한 사항에 관한 것이어야 하는 바, 이미 작성되어 있던 장부의 기재를 새로운 장부로 이기하는 과정에서 누계 등을 잘못 기재하다가 그 부분을 찢어버리고 계속하여 종전장부의 기재내용을 모두 이기하였다면 그 당시 새로운 경리장부는 아직 작성중에 있어서 손괴죄의 객체가 되는 문서로서의 경리장부가 아니라 할 것이고, 또 그 찢어버린 부분이 진실된 증빙내용을 기재한 것이었다는 등의 특별한 사정이 없는 한 그 이기과정에서 잘못 기재되어 찢어버린 부분 그 자체가 손괴죄의 객체가 되는 재산적 이용가치 내지 효용이 있는 재물이라고도 볼 수 없다. (대법원 1989.10.24. 선고 88도1296)

2) 행위

손괴·은닉 기타 방법으로 그 효용을 해하는 것이다. 여기서 '손괴'란 재물 또는 문서의 전부나 일부에 직접 물리적 유형력을 행사하여 이용가능성을 침해하는 일체의 행위를 말한다.

'은닉'이란 재물 또는 문서의 소재를 불분명하게 하여 그 발견을 곤란하게 하거나 불가능하게 함으로써 물건의 효용을 침해하는 행위이다. 특수매체기록의 은닉은 파일의 속성을 변경하거나 다른 디렉토리로 옮기면 인정될 수 있을 것이다. 그리고 '기타의 방법'이란 손괴·은닉 이외의 방법으로 재물 등의 효용을 해하는 일체의 행위를 말한다.

◉타인 소유의 광고용 간판을 백색페인트로 도색하여 광고 문안을 지워버린 행위는 재물손괴죄를 구성한다. (대법원 1991.10.22. 선고 91도2090)

◉문서손괴죄의 객체는 타인소유의 문서이며 피고인 자신의 점유하에 있는 문서라 할지라도 타인소유인 이상 이를 손괴하는 행위는 문서손괴죄에 해당한다. (대법원 1984.12.26. 선고 84도2290)

3) 주관적 구성요건

본죄가 성립하기 위하여는 객관적 구성요건요소에 대한 인식과 의사인 고의가 필요하다. 본죄에서는 불법영득의사가 필요하지 않다.

2. 업무상 비밀누설죄

제317条(업무상비밀누설)

① 의사, 한의사, 치과의사, 약제사, 약종상, 조산사, 변호사, 변리사, 공인회계사, 공증인, 대서업자나 그 직무상 보조자 또는 차등의 직에 있던 자가 그 직무처리중 지득한 타인의 비밀을 누설한 때에는 3년 이하의 징역이나 금고, 10년 이하의 자격정지 또는 700만원 이하의 벌금에 처한다.

② 종교의 직에 있는 자 또는 있던 자가 그 직무상 지득한 사람의 비밀을 누설한 때에도 전항의 형과 같다.

관련 군형법

제80조(군사기밀 누설)

가. 의의

업무상 비밀누설죄란 일정한 직업에 종사하는 자 또는 종사하던 자가 업무처리 중 또는 직무상 지득한 타인의 비밀을 누설함으로써 성립하는 범죄이다. 보호법익은 개인의 비밀이다.

나. 구성요건

1) 주체

본죄는 제317조 제1항과 제2항에 열거된 업무자만이 주체가 될 수 있는 진정신분범이다.

2) 객체

업무처리 중 또는 직무상 지득한 타인의 비밀이다. 본죄의 비밀은 그 업무처리 중 또는 직무상 지득한 것임을 요한다. 업무처리와 관계없이 알게 된 사실은 비리에 속한다 하여도 본죄의 비밀에는 해당하지 않는다.

3) 행위

본죄의 행위는 비밀을 누설하는 것이다. 누설이란 비밀에 속하는 사실을 아직 이를 모르는 제 3자에게 고지하는 일체의 행위를 말한다.

다. 친고죄

본죄는 고소가 있어야 공소를 제기할 수 있다.

제3장

군형법 총론

제 3 장 군형법 총론

제 1 절 군형법의 의의

1. 군형법의 개념 및 목적

가. 군형법의 개념

군형법이란 군사범죄와 형벌에 관한 법, 즉 일정한 행위를 범죄로 하고 이러한 범죄에 대한 법적 효과로서 일정한 형사제재(형벌 내지 보안처분)를 과할 것을 규정한 법규범의 총체이다. 예컨대, 군형법 제53조(상관 살해와 예비, 음모) 제1항을 살펴보면 '상관을 살해한 사람은 사형 또는 무기징역에 처한다' 라고 되어 있는 바, 전단인 '상관을 살해'는 법률요건으로서의 범죄이고 후단인'사형 또는 무기징역'은 법률효과로서의 형벌이다.

나. 군형법의 목적

군형법은 원칙적으로 군인 또는 그에 준하는 신분을 가진 자에게 적용되는 특별형법이다. 군은 국가의 안전보장과 국토방위의 신성한 의무를 수행함을 사명으로 하고, 군이 이러한 사명을 완수하는 수단은 최종적으로는 무력의 행사, 곧 전투이며, 전투는 승리만을 유일한 목적으로 한다. 군이 전투에서의 승리라는 본래의 사명을 수행하기 위하여는 그에 상응하는 특별한 조직과 규율이 요구될 수 밖에 없고, 군형법은 군의 이러한 특수성을 전제로 형벌이라는 제재를 수단으로 하여 군의 조직과 규율을 유지·보전함과 동시에 군이 가지는 전투력을 최대한으로 보존·발휘하게 하는 데 그 궁극적인 목적이 있는 것이다.

결국 전승을 위한 전투력의 확보는 군형법의 핵심적인 목적이며, 그것은 바로 군형법에 있어서의 보호법익이라고도 할 수 있을 것이다. 이와 같은 특별한 목적이야말로 군형법의 해석 · 적용에 있어서 가장 중요한 지도이념이라고 하지 않을 수 없다.

군형법은 군의 유일한 존재의의인 전승을 위한 전투력의 유지 · 강화에 그 궁극적인 목적을 두고 있다.

2. 군형법의 기능

가. 보호적 기능

군형법의 첫 번째 기능으로서 보호적 기능이다. 군형법은 군 전력을 침해하는 일정한 행위를 범죄로 규정하고 그 효과로서 형벌을 과함으로서 법으로 보호할 군 전력을 보호하는 기능을 한다.

예컨대, 군형법 제80조(군사기밀 누설) 제1항을 살펴보면 '군사상 기밀을 누설한 사람은 10년 이하의 징역이나 금고에 처한다'라고 되어 있는 바, '군사상 기밀'은 군 전력에 해당하고 이를 '누설'이라는 침해행위를 한 자는 형벌로 '10년 이하의 징역이나 금고'에 처하는바 군 형법은 보호적 기능을 가지고 있다.

나. 보장적 기능(= 인권 보장적 기능)

군형법은 국가 형벌권의 행사와 한계를 명확하게 규정하여 군형법에 규정된 것 이외의 행위에 대하여는 개인의 자유를 보장하는 기능을 한다. 예컨대, 군형법 제80조(군사기밀 누설) 제1항을 살펴보면 '군사상 기밀을 누설한 사람은 10년 이하의 징역이나 금고에 처한다'라고 되어 있는 바, 甲이 군사상 기밀을 누설한 경우라도 '10년 이하의 징역이나 금고'의 형벌을 부과할 수 있으나 10년을 초과한 15년 혹은 20년 형벌을 부과할 수는 없다.

다. 법규범으로서의 기능

군형법은 개인의 행위를 규제하고 행위 이전의 의사를 규제하는 행위규범 및 의사결정규범으로서의 기능을 가진다. 즉 군형법 제53조 상관 살해죄가 존재하는 이유는 ① 살해행위를 하지 말라는 행위규범적 의미와 ② 그 이전에 살해의사도 갖지 말라는 의사결정규범 의미를 함축하고 있다. 또한 군형법은 재판관이 판결을 할 때 그 준거가 되는 재판규범적 기능을 가지고 있다.

제 2 절 죄형법정주의

1. 죄형법정주의의 의의

죄형법정주의란 범죄와 형벌을 성문의 법률로 미리 정하라는 원칙, 즉 어떤 행위가 범죄로 되고 그 범죄에 대하여 어떤 형벌을 과할 것인가를 미리 성문의 법률로 규정해 두어야 한다는 원칙을 말한다. 이러한 죄형법정주의 원칙으로 인하여 국가형벌권의 자의적인 행사로부터 국민의 자유와 권리를 보장하게 되었다.

2. 죄형법정주의의 내용

가. 성문법률주의

성문법률주의란 범죄와 형벌은 성문의 법률로 규정되어야 한다는 원칙을 말한다. 여기서의 법률은 형식적 의미의 법률을 의미한다. 따라서 범죄와 형벌은 국회에서 제정된 법률로 규정되어야 한다. 이러한 성문법률주의에 의하여 범죄와 형벌을 형식적 의미의 법률이 아닌 명령·규칙 등에 의하여 규정하거나 관습법을 처벌근거로 하는 것은 죄형법정주의에 위반된다.

◉구 노동조합법 제46조의3은 그 구성요건을 "단체협약에……위반한 자"라고만 규정함으로써 범죄구성요건의 외피만 설정하였을 뿐 구성요건의 실질적 내용을 직접 규정하지 아니하고 모두 단체협약에 위임하고 있어 죄형법정주의의 기본적 요청인 "법률"주의에 위배되고, 그 구성요건도 지나치게 애매하고 광범위하여 죄형법정주의의 명확성의 원칙에 위배된다. (헌법재판소 1998.3.26. 96헌가20 전원재판부)

나. 소급효금지의 원칙(=형벌불소급의 원칙)

소급효금지의 원칙이란 형벌법규는 해당법규가 시행된 이후의 행위에 대하여만 적용이 되고 그 법규 시행이전의 행위에 대하여 소급하여 적용할 수 없다는 원칙을 말한다. 즉, 행위시에 범죄로 군형법에 규정되어 있지 않은 행위에 대해서 사후에 입법으로 규정하여 소급하여서 처벌할 수 없다는 것이다. 이는 결국 소급입법 및 소급적용을 금지하는 원칙이다.

◉헌법 제13조 제1항 전단과 형법 제1조 제1항은 형벌법규의 소급효금지 원칙을 밝히고 있고, 2007. 1. 19. 제8247호로 법률이 개정되면서 시행된 게임산업진흥에 관한 법률 제44조 제1항 제2호,…(중략)… 법 시행령 제18조의3의 시행일 이후 위 시행령 조항 각 호에 규정된 게임머니의 환전, 환전 알선, 재매입 영업행위가 처벌되는 것이므로, 그 시행일 이전에 위 시행령 조항 각 호에 규정된 게임머니를 환전, 환전 알선, 재매입한 영업행위를 처벌하는 것은 형벌법규의 소급효금지 원칙에 위배된다. (대법원 2009.04.23. 선고 2008도11017)

다. 명확성의 원칙

명확성의 원칙이란 법률이 처벌하고자 하는 행위가 무엇이며 그에 대한 형벌이 어떠한 것인지를 누구나 예견할 수 있고, 그에 따라 자신의 행위를 결정할 수 있도록 구성요건을 명확하게 규정하는 것을 말한다. 이는 범죄의 구성요건과 형사제재에 관한 규정을 법관이 자의적으로 해석하는 것을 허용하지 않도록 구체적으로 명확하게 규정하여야 한다는 원칙을 의미한다. 명확성 판단기준에 관하여 대법원은 건전한 상식과 통상의 판단능력을 가진 일반인이 합리적으로 판단할 때 금지된 행위 및 처벌의 종류와 정도를 예견할 수 있다면 헌법이 요구하는 명확성의 원칙을 갖춘 것으로 본다.

◉헌법 제12조 및 제13조를 통하여 보장되고 있는 죄형법정주의의 원칙은 범죄와 형벌이 법률로 정하여져야 함을 의미하며, 이러한 죄형법정주의에서 파생되는 명확성의 원칙은 법률이 처벌하고자 하는 행위가 무엇이며 그에 대한 형벌이 어떠한 것인지를 누구나 예견할 수 있고, 그에 따라 자신의 행위를 결정할 수 있도록 구성요건을 명확하게 규정하는 것을 의미한다. 그러나 처벌법규의 구성요건이 명확하여야 한다고 하여 모든 구성요건을 단순한 서술적 개념으로 규정하여야 하는 것은 아니고, 다소 광범위하여 법관의 보충적인 해석을 필요로 하는 개념을 사용하였다고 하더라도 통상의 해석방법에 의하여 건전한 상식과 통상적인 법감정을 가진 사람이면 당해 처벌법규의 보호법익과 금지된 행위 및 처벌의 종류와 정도를 알 수 있도록 규정하였다면 헌법이 요구하는 처벌법규의 명확성에 배치되는 것이 아니다. (대법원 2006.05.11. 선고 2006도920)

라. 유추적용금지의 금지(=유추해석금지의 원칙)

유추적용 또는 유추해석금지의 원칙이란 어떤 사실관계에 적용할 법률이 존재하지 않을 경우에 그 사실과 유사한 사실관계에 적용되는 법률규정을 찾아내어 그 법률을 적용하는 것을 말한다. 이러한 유추적용은 법해석이 아니라 법관에 의한 법의 창조이다. 따라서 유추적용금지의 원칙은 이러한 법관의 유추적용을 금지함으로써 법의 해석 · 적용자인 법관의 자의로부터 개인의 자유 및 안전을 보장하는 것이다.

예컨대, 군형법 제64조(상관 모욕 등) 제1항을 살펴보면 '상관을 그 면전에서 모욕한 사람은 2년 이하의 징역이나 금고에 처한다'라고 규정하고 있는데 甲이 상관인 乙에게 전화를 통하여 모욕한 경우 군형법 제64조 제1항을 적용할 수 없다. 군형법 제64조 제1항의 상관면전모욕죄의 구성요건은 '상관을 그 면전에서 모욕'하는 것인데 甲은 상관 乙에게 면전(얼굴을 마주 대한 상태)이 아닌 전화를 통하여 모욕하였기에 甲에게 상관면전모욕죄를 적용하는 것은 유추적용금지의 원칙에 반하기에 甲에게 군형법 제64조 제1항을 적용해서는 안된다.

◉군형법 제74조 소정의 군용물분실죄라 함은 같은 조 소정의 군용에 공하는 물건을 보관할 책임이 있는 자가 선량한 보관자로서의 주의의무를 게을리 하여 그의 '의사에 의하지 아니하고 물건의 소지를 상실'하는 소위 과실범을 말한다 할 것이므로, 군용물분실죄에서의 분실은 행위자의 의사에 의하지 아니하고 물건의 소지를 상실한 것을 의미한다고 할 것이며, 이 점에서 하자가 있기는 하지만 행위자의 의사에 기해 재산적 처분행위를 하여 재물의 점유를 상실함으로써 편취당한 것과는 구별된다고 할 것이고, 분실의 개념을 군용물의 소지 상실시 행위자의 의사가 개입되었는지의 여부에 관계없이 군용물의 보관책임이 있는 자가 결과적으로 군용물의 소지를 상실하는 모든 경우로 확장해석하거나 유추해석할 수는 없다. (대법원 1999.07.09. 선고 98도1719. 일명 : 백소령 사건)

◎사실관계 : 해안초소 상황병이던 甲은 성명불상자 乙이 "군단에서 온 백소령이다."라고 하는 말을 만연히 믿고, 성명불상자 乙의 소속이나 직책을 확인하지 아니한 채 성명불상자 乙이 상황실 총기대에 거치되어 있던 총기를 어깨에 메면서 해안초소 상황병 甲에게 "해안순찰을 가야 하는데 여기는 간첩도 오고 위험하니 탄을 좀 달라."고 하자 甲이 탄약고열쇠를 이용하여 보관하고 있던 탄약을 건네주었다.

◎해설 : 군용물을 乙에게 건네준 甲의 행위는 하자 있는 의사에 기한 소지의 이전이라고 보아야 할 것이고 '의사에 의하지 않은 물건의 소지의 상실'이라고 볼 수는 없어 군용물분실죄에서 말하는 분실에 해당한다고 할 수 없다. 즉, 하자 있는 "의사에 의하여" 편취당함으로써 군용물에 대한 소지를 상실한 경우에 대해서 "의사에 의하지 아니하고" 군용물에 대한 소지를 상실한 경우에 적용되는 군용물분실죄의 규정을 적용하는 것은 불리한 유추적용이기에 허용될 수 없다는 것이다.

마. 적정성의 원칙(=죄형의 균형의 원칙)

적정성의 원칙이란 범죄와 형벌 사이에는 적정한 균형을 요한다는 원칙이다. 이는 범죄와 형벌을 규정하는 법률의 내용은 기본적 인권을 실질적으로 보장할 수 있도록 적정해야 한다는 것이다. 예컨대, 차량운전자 甲이 과실로 乙을 치상하게 한 후 피해자 乙을 구호행위를 하지 아니하고 도주하여 결국 피해자 乙이 치사의 결과에 이르게 하였을 때 우리 법이 사람을 살해한 살인죄와 비교하여 뺑소니한 甲의 행위를 더 무겁게 처벌하는 것은 형벌체계상의 정당성과 균형성을 상실한 것이다.

◉ 과실로 사람을 치상하게 한 자가 구호행위를 하지 아니하고 도주하거나 고의로 유기함으로써 치사의 결과에 이르게 한 경우에 살인죄와 비교하여 그 법정형을 더 무겁게 한 것은 형벌체계상의 정당성과 균형을 상실한 것으로서 헌법 제10조의 인간으로서의 존엄과 가치를 보장한 국가의 의무와 헌법 제11조의 평등의 원칙 및 헌법 제37조 제2항의 과잉입법금지의 원칙에 반한다. (헌법재판소 1992. 4. 28. 90헌바24 전원재판부)

제 3 절 군형법의 적용범위

1. 군형법의 시간적 적용범위

가. 논의점

군형법의 시간적 적용범위는 원칙적으로 군형법의 시행시부터 군형법의 폐지시까지이다. 그런데 범죄를 범한 행위시와 그 범죄행위를 재판하는 재판시 사이에 군형법이 변경되어 범죄의 성립여부가 달라지거나, 형벌에 있어서 경중이 있는 경우 행위시법(구법)과 재판시법(신법) 또는 중간시법 중 어느 법을 적용할 것인지 문제가 된다. 이러한 경우 군형법이 변경여부와 관계없이 범죄가 발생한 때를 기준으로 하여 군형법을 적용해야 한다는 입법태도를 행위시법주의, 범죄가 발생한 때를 기준으로 해야 하는 것이 아니라 재판을 할 때 그 당시의 법을 적용해야 한다는 입법태도를 재판시법주의라고 한다.

나. 행위시법주의 원칙

형법 제1조(범죄의 성립과 처벌) ① 범죄의 성립과 처벌은 행위시의 법률에 의한다.

현행 형법 제1조 제1항은 범죄의 성립과 처벌은 행위시의 법률에 의한다고 규정하고 있는바 이는 행위시법주의를 규정하고 있다. 여기서 행위시란 범죄행위의 종료시를 말한다. 예컨대, 군형법 제53조(상관 살해와 예비, 음모) 제1항을 살펴보면 '상관을 살해한 사람은 사형 또는 무기징역에 처한다'라고 되어 있는바, 甲이 그의 상관 乙을 2015년 1월 2일에 살해를 하였다면 甲에는 범죄행위인 상관 살해를 한 그 당시의 군형법에 따라 사형 또는 무기징역에 처하게 된다.

다. 행위시법주의의 예외

형법
제1조(범죄의 성립과 처벌)
② 범죄 후 법률의 변경에 의하여 그 행위가 범죄를 구성하지 아니하거나 형이 구법보다 경한 때에는 신법에 의한다.

우리 형법은 행위시법을 채택하고 있으나 재판시법을 적용하는 것이 인권보장에 바람직한 경우 형법 제1조 제2항을 두어 행위시법주의의 예외를 인정하고 있다. 예컨대, 甲이 행위시에는 범죄였으나 이후 법률이 변경되어 그 행위가 범죄가 되지 아니한 경우에는 형벌을 부과하지 아니하는 것이 甲의 인권보장에 바람직하기에 행위시법의주의의 예외로 형법 제 1조 제 2항을 적용한다. 또한 乙이 행위시에는 형벌이 '5년 이하의 징역이나 금고'였으나 법률의 변경으로 인하여 형벌이 '3년 이하의 징역이나 금고'로 변경된 경우 乙에게 3년 이하의 징역이나 금고로 처벌을 하는 것이 乙의 인권보장에 바람직하기에 행위시법주의의 예외로 형법 제1조 제2항을 적용한다.

2. 군형법의 장소적 적용범위

가. 논의점

군형법의 장소적 적용범위란 범죄가 어느 장소에서 벌어졌을 경우 대한민국 군형법을 적용할 것인가의 문제이다. 이는 특히 어떤 범죄사건에 관하여 대한민국 군형법이 적용될 수 있는가의 문제이다.

나. 입법주의

1) 속인주의

속인주의란 자국민이 범죄를 범한 경우에 어디에서 범죄를 행하였는지를 불문하고 자국의 형법을 적용하는 원칙이다. 즉, 대한민국 국민이 범죄를 행한 경우 장소를 불문하고 대한민국의 형벌규정을 적용한다는 원칙이다. 이러한 속인주의는 외국인이 자국민의 법익을 침해한 경우 범죄를 처벌할 수 없다는 한계를 지닌다.

2) 속지주의

속지주의란 범죄가 자국의 영역 내에서 발생한 경우 범죄자의 국적여부를 불문하고 자국의 형법이 적용된다는 원칙이다. 즉, 대한민국 영역 내에서 발생한 범죄는 대한민국 국민, 외국인 모두 대한민국 형법이 적용된다는 원칙이다. 이러한 속지주의는 국외에서 발생한 범죄에 대하여 형벌권을 행사 할 수 없다는 한계를 지닌다.

3) 보호주의

보호주의란 자국 또는 자국민의 법익을 침해하는 범죄에 대하여는 범죄지를 불문하고 자국의 형법을 적용한다는 원칙이다. 즉, 대한민국 국민 또는 대한민국의 법익을 침해하는 범죄에 대해서는 그 장소를 불문하고 대한민국의 형법을 적용한다는 원칙이다.

다. 군형법의 속인주의 원칙

1) 군형법 제1조 제1항 및 제1조의 2의 속인주의

> 제1조(적용대상자)
> ① 이 법은 이 법에 규정된 죄를 범한 대한민국 군인에게 적용한다.
> 제1조의2(장소적 적용범위)
> 이 법은 제1조에 규정된 사람이 대한민국의 영역 밖에서 이 법에 규정된 죄를 범한 경우에도 적용한다.

군형법에서 속인주의란 대한민국 국적을 가진 군인이라면 그 범죄 장소를 불문하고 군형법이 적용된다는 원칙이다. 따라서 군형법 제1조 제1항에서는 '이 법은 이 법에 규정된 죄를 범한 대한민국 군인에게 적용한다'고 규정하고 있다. 즉, 군형법은 대한민국 국적을 가진 군인에게 적용되는 법률로서 군형법 적용대상자에 대하여는 그가 어느 곳에 주둔하고 있는지 관계없이 대한민국의 군형법이 적용된다. 예컨대, 대한민국 국적의 레바논 동명부대 소속 상사 甲이 군형법 제80조(군사기밀 누설) 범죄를 저지를 경우 그 행위지가 비록 레바논이라 하더라도 우리 군형법 제80조(군사기밀 누설)를 적용하여 대한민국 국적 상사 甲에게 10년 이하의 징역이나 금고에 처할 수 있다. 이는 우리 군형법이 군형법 제1조 제1항 및 제1조의 2에서 속인주의를 취하였기에 가능한 것이다.

2) 군형법 제1조 제4항 속인주의

제1조(적용대상자)

④ 다음 각 호의 어느 하나에 해당하는 죄를 범한 내국인 · 외국인에 대하여도 군인에 준하여 이 법을 적용한다.

1. 제13조제2항 및 제3항의 죄(요새지등 안에서의 간첩)
2. 제42조의 죄(유해음식물 공급)
3. 제54조 부터 제56조까지, 제58조, 제58조의2 부터 제58조의6까지 및 제59조의 죄(초병에 대한 범죄)
4. 제66조 부터 제71조까지의 죄
   (군용물에 관한 재산범죄 중 총포, 탄약, 폭발물을 객체로 하는 경우)
5. 제75조제1항제1호의 죄
6. 제77조의 죄
7. 제78조의 죄(초소침범)
8. 제87조 부터 제90조까지의 죄(포로에 관한 죄)
9. 제13조제2항 및 제3항의 미수범
10. 제58조의2 부터 제58조의4까지의 미수범
11. 제59조제1항의 미수범
12. 제66조 부터 제70조까지 및 제71조제1항 · 제2항의 미수범
13. 제87조 부터 제90조까지의 미수범

제1조 제4항을 살펴보면, '다음 각 호의 어느 하나에 해당하는 죄를 범한 내국인(비군인)에 대하여도 군인에 준하여 이 법을 적용한다'고 규정하고 있다.

제1조 제1항 및 제1조의 2에서 살펴보았듯이 군형법은 대한민국 국적의 군인에게만 적용되어야 함에도 불구하고 군형법 제1조 제4항은 대한민국 국적의 군인이 아닌 내국인에게 군형법 제1조 제4항에 정한 범죄를 범한 경우 대한민국 영역내외를 막론하고 예외적으로 군인으로 보아 군형법이 적용된다.

예컨대, 대한민국 국적의 비군인 甲이 독성이 있는 음식물을 레바논 동명부대에 공급하여 동명부대 전력을 침해한 경우 대한민국 국적 甲에게 군형법 제42조(유해음식물 공급) 제1항 '독성이 있는 음식물을 군에 공급한 사람은 10년 이하의 징역에 처한다'는 규정에 의하여 형벌을 부과할 수 있다. 이는 군형법 제1조 제4항에 의하여 속인주의가 적용되기 때문이다.

◉군형법 제1조 제4항 제3호에서 정한 군형법상의 죄에 대하여는 그 죄를 범한 사람이 군인이든 군인이었다가 전역한 사람이든 신분에 관계없이 군사법원에 재판권이 있는지 여부(적극)

군사법원법 제2조 제1항 제1호에는 군형법 제1조 제4항에 규정된 사람이 범한 죄에 대하여 재판권을 가진다고 규정되어 있고, 군형법 제1조 제4항 제3호에는 군형법 제54조부터 제56조까지, 제58조, 제58조의2부터 제58조의6까지 및 제59조의 죄에 해당하는 죄를 범한 내국인과 외국인에 대하여도 군인에 준하여 군형법을 적용한다고 규정되어 있다. 따라서 군형법 제1조 제4항 제3호에서 정한 군형법상의 죄에 대하여는 그 죄를 범한 사람이 군인이든 군인이었다가 전역한 사람이든 그 신분에 관계없이 군사법원에 재판권이 있다. (대법원 2016. 10. 13. 선고 2016도11317)

라. 속지주의

제1조(적용대상자)

④ 다음 각 호의 어느 하나에 해당하는 죄를 범한 내국인·외국인에 대하여도 군인에 준하여 이 법을 적용한다.

1. 제13조제2항 및 제3항의 죄(요새지등 안에서의 간첩)
2. 제42조의 죄(유해음식물 공급)
3. 제54조 부터 제56조까지, 제58조, 제58조의2 부터 제58조의6까지 및 제59조의 죄(초병에 대한 범죄)
4. 제66조 부터 제71조까지의 죄
(군용물에 관한 재산범죄 중 총포, 탄약, 폭발물을 객체로 하는 경우)
5. 제75조제1항제1호의 죄
6. 제77조의 죄
7. 제78조의 죄(초소침범)
8. 제87조 부터 제90조까지의 죄(포로에 관한 죄)
9. 제13조제2항 및 제3항의 미수범
10. 제58조의2 부터 제58조의4까지의 미수범
11. 제59조제1항의 미수범
12. 제66조 부터 제70조까지 및 제71조제1항·제2항의 미수범
13. 제87조 부터 제90조까지의 미수범

군형법은 상기 적시한바 속인주의를 원칙으로 하나 간접적으로 속지주의를 취하고 있다. 이해를 되살리고자 속지주의를 다시금 살펴보면 범죄가 자국의 영역 내에서 발생한 경우 범죄자의 국적여부를 불문하고 자국의 형법이 적용된다는 원칙을 속지주의라한다. 즉, 대한민국 영역 내에서 발생한 군관련 범죄는 범죄자의 국적을 불문하고 군형법을 적용한다는 것인데 다만, 우리 군형법은 제1조 제4항에 규정된 범죄에 관하여는 외국인이 대한민국 내에서 범죄를 행한 경우 군형법이 적용된다. 예컨대, 레바논 국적의 무함메드가 독성이 있는 음식물을 대한민국 제00사단에 공급하여 00사단의 전력을 침해한 경우 레바논 국적의 무함메드에게 군형법 제42조(유해 음식물 공급) 제1항 '독성이 있는 음식물을 군

에 공급한 사람은 10년 이하의 징역에 처한다'는 규정에 의하여 형벌을 부과할 수 있다. 이는 군형법 제1조 제4항에 의하여 속지주의가 적용되기 때문이다.

마. 보호주의

제1조(적용대상자)

④ 다음 각 호의 어느 하나에 해당하는 죄를 범한 내국인 · 외국인에 대하여도 군인에 준하여 이 법을 적용한다.

1. 제13조제2항 및 제3항의 죄(요새지등 안에서의 간첩)
2. 제42조의 죄(유해음식물 공급)
3. 제54조 부터 제56조까지, 제58조, 제58조의2 부터 제58조의6까지 및 제59조의 죄(초병에 대한 범죄)
4. 제66조 부터 제71조까지의 죄
(군용물에 관한 재산범죄 중 총포, 탄약, 폭발물을 객체로 하는 경우)
5. 제75조제1항제1호의 죄
6. 제77조의 죄
7. 제78조의 죄(초소침범)
8. 제87조 부터 제90조까지의 죄(포로에 관한 죄)
9. 제13조제2항 및 제3항의 미수범
10. 제58조의2 부터 제58조의4까지의 미수범
11. 제59조제1항의 미수범
12. 제66조 부터 제70조까지 및 제71조제1항 · 제2항의 미수범
13. 제87조 부터 제90조까지의 미수범

군형법에서 보호주의란, 외국인이 국외에서 범죄행위가 대한민국 군 전력을 침해할 경우 우리 군형법을 적용한다는 원칙이다.

예컨대, 레바논 국적의 무함메드가 독성이 있는 음식물을 레바논 동명부대에 공급하여 동명부대 전력을 침해한 경우 레바논 국적의 무함메드에게 우리 군형법 제42조(유해 음식물 공급) 제1항 '독성이 있는 음식물을 군에 공급한 사람은 10년 이하의 징역에 처한다'는 규정에 의하여 형벌을 부과할 수 있다. 이는 군

형법 제1조 제4항에 의하여 보호주의가 적용되기 때문이다. 위 사례의 경우 우리 군에게 유해 음식물을 공급한 외국인 무함메드는 외국인이고 비군인임에도 불구하고 군형법 제1조 제4항에 의하여 군인에 준하여 군형법을 적용할 수 있다. 이는 우리 군형법이 보호주의를 취하기 때문에 외국인 무함메드에게 형벌을 부과할 수 있다. 다만, 우리국가가 레바논에서 군사재판권을 행사할 수 있는가의 문제인데 이는 군사재판권의 관할의 문제이다.

3. 군형법의 인적 적용범위

가. 논의점

군형법의 인적 적용범위란 군형법이 누구에게 적용되는가의 문제이다.

나. 군인

제1조(적용대상자)
① 이 법은 이 법에 규정된 죄를 범한 대한민국 군인에게 적용한다.
② 제1항에서 "군인"이란 현역에 복무하는 장교, 준사관, 부사관 및 병(兵)을 말한다. 다만, 전환복무(轉換服務) 중인 병은 제외한다.

1) 군인

가) 군형법 제1조 제1항에서는 '이 법은 이 법에 규정된 죄를 범한 대한민국 군인에게 적용한다' 고 규정하고 있는바 군형법은 군인이라는 신분을 가지고 있는 자에 한하여 적용을 하는 것을 원칙으로 한다. 즉, 군형법 제1조 제1항은 군형법상의 범죄가 신분범이라는 것을 명확히 보여준다.

나) 군형법 제1조 제2항에서는 '제1항에서 "군인"이란 현역에 복무하는 장교, 준사관, 부사관 및 병(兵)을 말한다'고 규정을 하고 있는 바 이는 군형법이 적용되는 군인이라는 신분의 범위는 현역에 복무하는 장교, 준사관, 부사관 및 병을 의미한다. 장교라 함은 소위 이상의 계급자를 말하며, 준사관이란

준위를 말한다. 부사관이란 하사, 중사, 상사 및 원사를 말하며, 병이란 이병, 일병, 상병, 병장을 모두 포함하는 것이다. 따라서 임관·입영전이거나 예비역 편입 후에는 군형법상의 군인신분을 지니지 않으므로 군형법 제1조 제2항에 의해서는 군형법을 적용할 수 없다. 즉 군형법이 적용되는 자는 원칙적으로 현역에 복무하고 있는 자에 한한다.

다) 군형법 제1조 제2항 단서에는 '다만, 전환복무(轉換服務) 중인 병은 제외한다'고 규정을 하고 있는 바 이는 교정시설경비교도, 전투경찰대원, 의무소방대원으로 근무하는 자에 대해서는 군형법이 적용되지 않음을 말한다. 여기서 전환복무라 함은 현역병으로 복무중인 사람을 교정시설경비교도·전투경찰대원 또는 의무소방원의 임무에 종사하도록 그의 군인으로서의 신분을 다른 신분으로 전환하는 것을 말한다.

2) 준군인

> 제1조(적용대상자)
>
> ③ 다음 각 호의 어느 하나에 해당하는 사람에 대하여는 군인에 준하여 이 법을 적용한다.
>
> 1. 군무원
> 2. 군적(軍籍)을 가진 군(軍)의 학교의 학생·생도와 사관후보생·부사관후보생 및 「병역법」 제57조에 따른 군적을 가지는 재영(在營) 중인 학생
> 3. 소집되어 복무하고 있는 예비역·보충역 및 전시근로역인 군인

군형법 제1조 제3항은 대한민국의 현역군인은 아니지만 이에 준하여 군형법이 적용되는 준군인에 대해 규정하고 있다.

가) 전투 이외의 군무에 복무하는 문관인 국가공무원을 군무원이라 한다. 군형법의 적용을 받는 군무원은 군무원인사법에 의하여 임용된 군무원을 말한다. 이들은 비록 현역군인은 아니지만 군인에 준하여 군형법이 적용된다.

나) 군적을 가진 군의 학교의 학생·생도와 사관후보생·부사관후보생 및 군적을 가지는 재영 중인 학생은 비록 현역군인은 아니지만 군인에 준하여 군형법이 적용된다.

다) 병역법상 소집에 응하여 소집부대에 도착하여 군의 지배권 아래에서 복무하고 있는 예비역 · 보충역 및 전시근로역(구 제2국민역)인 군인은 병역법상 소집이 해제될 때까지의 기간 중에는 군인에 준하여 군형법이 적용된다. 여기서 예비역이란 현역을 마친 자와 병역법에 의하여 실역을 마치지 아니한 자로서 예비역에 편입된 자를 말하며, 보충역이란 징병검사를 받아 신체등위 1급 내지 4급의 병역처분을 받은 자 중에서 현역병 입영대상자로 되지 아니한 자와 병역법에 의하여 보충역에 편입된 자를 말한다. 그리고 전시근로역(구 제2국민역)인 군인이란 징병검사 또는 신체검사 결과 현역 또는 보충역 복무는 할 수 없으나 전시근로소집에 의한 군사지원업무는 감당할 수 있다고 결정된 사람, 그 밖에 병역법에 따라 전시근로역(구 제2국민역)에 편입된 사람을 말한다.

3) 내국인 · 외국인(민간인)

제1조(적용대상자)

④ 다음 각 호의 어느 하나에 해당하는 죄를 범한 내국인 · 외국인에 대하여도 군인에 준하여 이 법을 적용한다.

1. 제13조제2항 및 제3항의 죄(요새지등 안에서의 간첩)
2. 제42조의 죄(유해음식물 공급)
3. 제54조 부터 제56조까지, 제58조, 제58조의2 부터 제58조의6까지 및 제59조의 죄(초병에 대한 범죄)
4. 제66조 부터 제71조까지의 죄
   (군용물에 관한 재산범죄 중 총포, 탄약, 폭발물을 객체로 하는 경우)
5. 제75조제1항제1호의 죄
6. 제77조의 죄
7. 제78조의 죄(초소침범)
8. 제87조 부터 제90조까지의 죄(포로에 관한 죄)
9. 제13조제2항 및 제3항의 미수범
10. 제58조의2 부터 제58조의4까지의 미수범
11. 제59조제1항의 미수범
12. 제66조 부터 제70조까지 및 제71조제1항 · 제2항의 미수범
13. 제87조 부터 제90조까지의 미수범

군형법은 원칙적으로 군인 또는 준군인에게만 적용되는 것이나, 예외적으로 일부범죄에 대하여서는 내외국인의 민간인에게도 적용된다. 즉, 요새지 등 안에서의 간첩, 유해음식물 공급, 초병에 대한 범죄 등 이를 범한 내외국인에게도 군형법을 적용한다. 상기 적시된 범죄의 경우에는 민간인에 의해서도 군의 조직과 기능이 파괴 내지 침해될 수 있는 것이므로 그 범위 안에서는 비군인에 대해서도 군형법을 적용하려는 취지이다.

4) 신분의 변동과 군형법의 적용

> 제1조(적용대상자)
>
> ⑤ 제1항부터 제3항까지에 규정된 사람이 군복무 중이나 재학 또는 재영 중에 이 법에서 정한 죄를 범한 경우에는 전역·소집해제·퇴직 또는 퇴교나 퇴영 후에도 이 법을 적용한다.

군형법 제1조 제5항의 규정의 취지는 군인이 전역 등의 사유로 그 신분을 상실하게 되면 민간인으로 되어 원칙적으로 군형법의 적용대상에서 제외되므로 이러한 신분의 변동으로 인하여 군형법의 적용에 있어서 변동이 생겨 면책될 수 있다는 모순을 제거하기 위하여 설정된 특별규정이다. 예컨대, 레바논 동명부대 소속 상사 甲이 군형법 제80조(군사기밀 누설) 범죄를 저지를 경우 범행 당시에는 군사기밀 누설 범죄가 밝혀지지 아니하였으나 상사 甲이 전역 후 위 사실이 밝혀진 경우 행위시에는 현역군인이었으나 재판시에는 민간인이기에 군형법을 적용할 수 없다면 이는 신분의 변동이라는 사정으로 인하여 군형법의 적용에 있어서 면책될 수 있다는 불합리한 사정이 생긴다. 이에 우리 군형법 제1조 제5항에 의하여 상사 甲에게 군형법 제80조(군사기밀 누설)를 적용하여 상사 甲에게 10년 이하의 징역이나 금고에 처할 수 있다.

제 4 절 군형법상의 용어의 정리

1. 의의

법률용어는 일반적으로 사회에서 통용되는 의미에 따라 해석하는 것이 원칙이다. 그러나 법문의 애매함을 없애고 해석의 통일을 기하고자 법률로써 용어를 정의하는 경우가 있는데, 군형법도 상관, 지휘관, 초병, 부대, 적전, 전시, 사변 등 7개의 용어에 대해서 해석의 혼란을 막기 위하여 그 의의를 제2조에서 규정하고 있다. 그 정의는 군형법의 해석에만 적용되는 것이고, 동일용어라 하여도 다른 법률에서까지 동일한 정의가 적용되는 것은 아니다.

2. 상관

> 제2조(용어의 정의)
> 1. "상관"이란 명령복종 관계에서 명령권을 가진 사람을 말한다. 명령복종 관계가 없는 경우의 상위 계급자와 상위 서열자는 상관에 준한다.

군형법상 상관에는 순정상관과 준상관이 있다. 상관이란 명령복종 관계에 있는 자 사이에서 명령권을 가진 자를 말하고, 명령복종 관계가 없는 자 사이에서 상계급자와 상서열자는 상관에 준한다고 규정하고 있다. 전자를 순정상관(純正上官), 후자를 준상관(準上官)이라고 한다.

군형법상의 각 범죄에 나오는 상관이란 구성요건의 의미는 군형법총칙에 나와 있는 상관의 정의를 기초로 해석하게 되나, 군형법각칙에 나오는 상관의 개념은 각 개별조문에 맞게 판단해야 한다. 즉, 항명죄에서의 상관은 순정상관만을 의미하지만, 상관폭행죄에서의 상관은 순정상관과 준상관을 포함하는 개념이다.

가. 순정상관

명령복종 관계에 있는 자 간에서 명령권을 가진 자를 말한다. 명령복종의 관계란 법령에 의거하여 설정된 상하의 지휘계통의 관계를 말한다. 명령권을 가진 자에는 고유한 명령권만을 의미하는 것이 아니라 직무대리나 권한의 위임에 의하여 명령권을 행사하는 자를 포함한다.

명령권만 가지면 상관이므로 하명자(下命者)와 수명자(受命者)간의 계급·서열은 문제가 되지 않는다. 일반적 명령복종관계상의 상관은 직무내외, 영내외를 불문하고 상관이나, 특정 직무에 관한 명령권을 가진 경우에는 그 직무가 현실적으로 집행되어 구체화한 경우에 한하여 상관이 된다. 예를 들면, 구속영장의 집행·변사체의 검시·형의 집행 등의 경우에 있어서 검찰관은 군사법경찰관의 직무상 상관이 되고, 수술을 집도하는 군의관이 간호장교의 직무상 상관이 된다.

나. 준상관

명령복종 관계가 없는 자 사이에서 상계급자와 상서열자를 말한다. 상계급자라 함은 장교간이거나 사병간이거나를 불문하고 계급적으로 상위에 있는 자를 말하며, 상서열자라 함은 같은 계급에 있는 자 간에서 서열이 앞서는 자를 말한다. 군인의 서열은 군인사법 제4조, 동법 시행령 제2조에 따르면 상계급자, 동일 계급에서는 진급예정자→당해 계급으로의 진급일자가 앞서는 자→이전 계급으로의 진급일자가 앞서는 자→임관 및 임용, 임용된 날짜순에 따르며, 입소(임용)일이 같을 때에는 각군 참모총장이 정한 순서에 따른다.

병 상호간 관계는 육군의 경우 특별직책수행사(분대장, 내무반장 등)에 대한 범죄의 경우만을 대상관범죄로 처리한다고 지침화 되어 있으나, 기본적으로는 병사 상호간에 준상관의 개념은 인정되기 어렵다. 군무원과 군인간의 관계에 있어서는 명령복종 관계를 인정할 수 있으면 순정상관관계를 인정할 수 있다는 판례(1998. 4. 14. 선고 97노854)가 있으나, 신분관계를 규율하는 법률(군인사법, 군무원인사법)이 다르고, 군인과 군무원간에는 상계급자나 상서열자의 지위가 인정될 수 없으므로 준상관관계가 성립되지 않는다는 학설이 우세하다.

3. 지휘관

제2조(용어의 정의)
2. "지휘관"이란 중대 이상 단위부대의 장과 함선(艦船)부대의 장 또는 함정(艦艇) 및 항공기를 지휘하는 사람을 말한다.

지휘관이라 함은 중대 이상의 단위부대의 장과 함선부대의 장 또는 함정 및 항공기를 지휘하는 자를 말한다.

가. 중대단위 이상의 단위부대의 장이라야 지휘관이다. 그러므로 중대단위 이하의 장, 즉 소대장이라면 지휘관이 아니다. 또한 중대 이상의 단위부대를 지휘하는 자라도 당해 부대장의 자격으로서 이를 지휘하지 않는 한 지휘관이 될 수 없다.

나. 함선부대의 장이다. 함선부대의 크기를 불문하고 그 장은 지휘관에 해당한다.

다. 함정 및 항공기를 지휘하는 자이다. 함정 및 항공기의 대소도 불문하며, 지휘하는 자란 그의 장을 말한다.
지휘관은 반드시 상기 각 부대 또는 함선 및 항공기의 장으로서 임명된 자임을 요하지 않고, 지휘관이 전사, 기타사유로 인해 그 직무를 대리하는 자도 여기에 해당된다.

4. 초병

제2조(용어의 정의)
3. "초병(哨兵)"이란 경계를 그 고유의 임무로 하여 지상, 해상 또는 공중에 책임 범위를 정하여 배치된 사람을 말한다.

초병이란 경계를 그 고유의 임무로 하여 지상, 해상 또는 공중에 책임범위를 정하여 배치된 사람을 말한다. 그러므로 초병이란 경계를 그 고유의 임무로 하고 있는 자로서, 다른 임무 수행과정에 부수적으로 경계임무도 수행하는 자라면 초병이 아니다.

직별 또는 소속 여하를 막론하고 경계임무를 위해서 수소에 배치된 자는 초병이다. 반대로 경계임무를 고유의 임무로 하는 직책을 가진 자라도 실제로 수소에 배치되지 않는 한 초병이 아니다. 초병이란 현실적으로 일정한 장소의 경계임무에 배치된 자를 말한다. 현실로 수소에 임하여 경계근무를 수행하고 있는 이상 근무규칙에 위배하여 복장을 갖추지 아니하거나 일시 수소를 이탈하거나 음주·수면 중이라 하여도 초병에 해당한다.

초병은 경계임무에 당한 자로서 이와 같은 임무를 수행하는 자라면 그 주체에 제한을 가할 필요 없고 장교, 부사관 및 병을 모두 포함한다. 경계근무를 수행하고 있는 이상 그 근무형태가 단초, 복초, 동초인지 여부는 불문한다.

초병이 배치되는 수소는 일반적으로 위험발생을 관측할 수 있는 장소이지만 지리적으로 수공·수지·수해와 관련이 없는 장소도 포함될 수 있다.

5. 부대

제2조(용어의 정의)

4. "부대"란 군대, 군의 기관 및 학교와 전시(戰時) 또는 사변 시에 이에 준하여 특별히 설치하는 기관을 말한다.

군대란 순수한 군의 인적 요소로서, 군의 기율 하에 있는 장병의 집합체를 말한다. 그러므로 조직과 규율을 갖추지 않고 사적으로 모인 장병의 집합체는 군대가 아니다.

'군의 기관'이란 원래 군사에 관한 국가의 의사를 결정하여 이를 외부에 표시하는 관청을 말한다. 그러나 그와 같은 좁은 의미의 관청 외에 그 보조기관도 포함하며, 국가의사 결정과 관계없는 각종기관도 포함한 일체의 인적, 물적 요소로 구성된 군의 공적시설을 말한다(예, 병무청, 국군교도소, 국방홍보원 등). '학교'란 군의 교육기관으로서 각 군 대학, 각 군 사관학교 등을 의미하며, '전시 또는 사변시 이에 준하는 특별히 설치되는 기관'이란 계엄사무소, 민사군정청 등과 같은 임시적인 특설기관도 포함한다.

부대는 그것을 구성하는 사람이 반드시 군인임을 요하지 않는다. 군의 기관, 학교, 비상시 특설기관 등 부대가 상당수 또는 대부분 민간인으로 충원되어 있다고 하더라도 부대로서의 성격을 상실하지 않는다. 반면 군대, 군의 기관, 학교 또는 비상시에 이에 준하는 특설기관이 아닌 기관은 현역군인으로서 충원되어 있다고 하더라도 그 기관이 당연히 부대가 되는 것은 아니다. 비상계엄 선포 후에 비상계엄지역 내의 행정기관 또는 사법기관에 군인이 상당수 파견되어 있다고 하더라도 행정관청이나 사법관청의 성질이 변하여 부대가 되는 것은 아니다.

6. 적전

제2조(용어의 정의)

5. "적전(敵前)"이란 적에 대하여 공격·방어의 전투행동을 개시하기 직전과 개시 후의 상태 또는 적과 직접 대치하여 적의 습격을 경계하는 상태를 말한다.

군형법에서는 구성요건에 해당하는 행위가 적전, 전시, 사변, 기타의 경우 등 어떤 상황하에 벌어졌느냐에 따라 법정형이 달라지므로 이러한 개념을 명확하게 파악하는 것이 중요하다.

'적전'이라 함은 적에 대하여 공격·방어의 전투행동을 개시하기 직전과 개시후의 상태 또는 적과 직접 대치하여 적의 습격을 경계하는 상태를 말한다. 즉, 적전의 개념을 시간적인 상태와 공간적인 상태로 파악하여 시간적으로는 적에 대하여 전투행동을 개시하기 직전부터 전투행동 개시 후 종료시까지의 상태를 말하고, 공간적으로는 적의 습격을 경계하여야 할 정도의 거리를 두고 적과 직접 대치해 있는 상태를 말한다.

적전이란 일정한 상태를 의미하는 것이므로 시간적인 장단 또는 지역적인 범위로 표현하기는 힘들 것이다. 그러므로 적전은 결국 적과 직접 대치하여 그 습격을 경계하는 상태 및 현실적으로 전투행위를 하는 상태를 말한다.

7. 전시

> 제2조(용어의 정의)
> 6. "전시"란 상대국이나 교전단체에 대하여 선전포고나 대적(對敵)행위를 한 때부터 그 상대국이나 교전단체와 휴전협정이 성립된 때까지의 기간을 말한다.

전시라 함은 상대국이나 교전단체에 대하여 선전포고나 대적행위를 한 때부터 당해 상대국이나 교전단체와 휴전협정이 성립 될 때까지의 기간을 말한다. 전시는 먼저 상대국이나 교전단체에 대해서 선전포고를 하거나 적대행위를 취한 때부터이며, 국제법상 전쟁개시의 효과는 전의를 가진 적대행위에만 한정하고 있으므로 전의를 가진 적대행위가 있는 경우에 비로소 전시가 된다.

전시의 시기는 상대방에 대하여 우리나라가 전쟁의사를 표시하는 경우이므로, 상대방이 선전포고나 적대행위를 하여 온 경우라도 우리나라가 이에 대해 대응조치를 취하지 않는 한 곧바로 전시가 된다고 볼 수 없다.

대적행위란 전쟁의사를 수반하는 무력에 의한 가해행위를 말한다. 전쟁의사란 무력에 의하여 상대국의 의사를 억압하고 자국의 의사를 관철하고자 하는 의사를 말한다.

전시는 상대국 또는 교전단체에 대하여 휴전협정이 성립한 때까지의 기간이다. 원래 국제법상으로는 휴전협정이 성립한 후에도 강화조약이 성립되기까지는 전쟁상태가 계속하는 것으로 본다. 군형법은 휴전협정이 성립한 이후에는 전시가 아니라는 특별규정을 두고 있으므로 휴전협정이 성립한 1953년 7월 27일 이후는 전시로 볼 수 없다.

8. 사변

> 제2조(용어의 정의)
> 7. "사변"이란 전시에 준하는 동란(動亂)상태로서 전국 또는 지역별로 계엄이 선포된 기간을 말한다.

사변이란 말은 일반적으로 전시에 준하는 비상사태를 폭넓게 가리키는 말로 사용되지만 군형법에서는 이를 전국 또는 지역별로 계엄을 선포한 기간과 같이 제한적으로 해석하고 있다. 즉, 사변이란 말은 전시 이외에 계엄이 선포된 기간을 의미한다.

전시에 선포되는 계엄을 제외하면 사변과 계엄선포기간은 군형법상 동일한 개념이라 할 것이다. 군형법에서의 사변은 비상계엄과 경비계엄을 모두 포함한다.

제 5 절 사형집행

제3조(사형 집행)
사형은 소속 군 참모총장 또는 군사법원의 관할관이 지정한 장소에서 총살로써 집행한다.

군형법 제3조는 사형집행 장소의 지정권자와 사형집행방법을 규정하고 있다. 사형이라 함은 범인의 생명을 단절시키는 형으로써 최고의 극형에 해당한다. 현재 각국에서 이용되는 사형집행방법으로는 교수형, 가스형, 전기형, 총살형 등이 있다. 형법 제66조는 사형집행방법으로 교수형을 채택하고 그 집행 장소를 형무소 내로 한정하고 있다. 그러나 군형법은 군대활동의 유동성으로 인해 형법의 내용대로 실행하기가 불편하므로 이에 대한 특례를 두어 사형집행을 총살로 하도록 규정하고 사형집행 장소는 소속 군 참모총장이나 군사법원의 관할관이 지정한 장소에서 하도록 하였다. 이로써 군이 이동할 때마다 교수 기구를 가지고 다녀야 하는 불편의 제거와 사형집행 장소를 군이 이동하는 장소에 따라 신축적으로 지정할 수가 있다.

총살은 군형법상 범죄에 대한 형벌의 집행방법으로 국한되지 않는다. 즉, 군인 또는 준군인이 군형법, 기타 형벌법규에 나와 있는 범죄를 범한 후 사형의 선고를 받고, 사형이 집행될 때에도 총살로써 한다. 뿐만 아니라 총살은 군사법원에서 선고된 사형의 집행에만 한정되지도 않는다. 즉, 일반법원에서 선고된 사형에 관하여 군이 그 집행을 의뢰받아 실행할 때에도 총살로 한다. 반면, 군사법원에서 선고된 사형을 군이 직접 집행하지 않고, 민간 검사에게 집행을 의뢰한 경우에는 교수형으로 집행하게 된다. 요컨대, 총살은 형벌법규나 재판기관의 여하를 불문하고 군에서 집행하는 사형 전부에 미치는 사형집행방법이다.

제 4 장

군형법 각론

제 4 장 군형법 각론

제 1 절 총설

군형법 제2편 각칙은 제1장 반란의 죄부터 제16장 기타의 죄에 이르기까지 16장 94개 조문으로 구성되어 있으며, 범죄행위에 직접적으로 적용되는 구체적인 형벌법규를 규정하고 있다.

각칙에 규정되어 있는 범죄의 내용을 보면, 국가의 존립 또는 그 권위와 기능에 관한 죄 이외에 특수소요죄, 추행죄 등 사회의 공안(公安), 풍교(風敎)에 관한 범죄와 상관에 대한 폭행죄, 모욕죄, 약탈죄, 전지강간죄 등 개인의 생명, 신체, 자유, 안전, 재산, 정조에 대한 범죄 등도 포함되어 있으나, 군형법상의 범죄는 모두가 군의 전투력을 침해하는 범죄라는 점에서 본질적으로 동일하다.

군인, 준군인이 범하는 모든 범죄는 결과적으로 전투력을 침해한다는 의미에서 기타 형벌법규상 범죄에 있어서도 그 객체를 상관에 국한한다든가, 행위지를 전투지역 또는 점령지역으로 제한함으로써 구성요건상 군의 전투력과 직접적으로 연결시키고 있다. 군형법각칙에 나온 규정들은 군의 조직, 활동, 통제에 관한 규범으로서 군의 전투력을 그 공통적인 보호법익으로 하고 있다고 할 수 있다.

군형법은 전투력을 유지, 보호하는데 그 목적이 있는 것이므로 그 수범자는 원칙적으로 군인, 준군인이다. 그러나 일정한 범위 내에서는 비군인도 전력을 침해할 수 있으므로 그러한 한도 내에서는 비군인도 군형법에 수범자가 되는 것이다. 군형법은 그 각칙에 정해진 범죄를 단독으로 범한 때와 적전, 전시, 사변, 계엄지역, 기타로 구별하여 형의 경중을 현저히 달리하고 있다.

제 2 절 이탈에 관한 죄

1. 서설

이탈에 관한 죄는 군형법 제2편 제5장 수소이탈의 죄(제27조~제29조)와 군형법 제2편 제6장 군무이탈의 죄(제30조~제34조)와 군형법 제79조 무단이탈죄로 편제되어 있다. 그러나 이들 이탈에 관한 죄 중 가장 일반적 규정은 군형법 제79조 무단이탈죄 이기에 이하 군형법 제79조 무단이탈죄, 군형법 제2편 제6장 군무이탈의 죄(제30조~제34조), 군형법 제2편 제 5장 수소이탈의 죄(제27조~제29조)순으로 설명을 하고자 한다.

2. 무단이탈죄

제79조(무단 이탈)
허가 없이 근무 장소 또는 지정장소를 일시적으로 이탈하거나 지정한 시간까지 지정한 장소에 도날하지 못한 사람은 1년 이하의 징역이나 금고 또는 300만원 이하의 벌금에 처한다.

가. 의의

군형법 제79조 무단이탈죄는 군인이 허가 없이 근무장소 또는 지정장소를 일시적으로 이탈하거나 지정한 시간까지 지정한 장소에 도달하지 못한 경우에 성립되는 범죄이다. 무단이탈을 군형법으로 다루는 이유는 군인이 무단이탈을 하는 경우 군의 병력유지에 침해가 되고 무단이탈은 궁극적으로 군의 전력에 침해가 되기에 무단이탈행위를 처벌하고 있다.

나. 객관적 구성요건

1) 주체

군형법 제79조 무한이탈죄의 주체는 군형법 피적용자인 군인 또는 준군인이다.

2) 행위

군형법 제79조의 무단이탈죄의 구성요건에 해당하는 행위는 다음 두가지가 있다.

가) 허가 없이 근무 장소 또는 지정장소를 일시적으로 이탈하는 행위

군형법 제79조 무단이탈죄가 성립하기 위해서는 군인이 허가 없이 근무장소 또는 지정장소를 일시적으로 이탈하는 행위이다. 예컨대, 일병 甲이 허가권자인 대위 乙의 허가가 아닌 위병조장 丙의 허가를 얻어 외출한 경우, 일병 甲은 허가권자 대위 乙의 정당한 허가가 아닌 위병조장 丙의 부당한 허가인 것이기에 일병 甲은 '허가 없이 근무장소를 이탈'하는 행위를 한 것이 된다. 따라서 일병 甲에게는 군형법 제79조 무단이탈죄가 성립한다.

군형법 제79조 무단이탈죄에서 허가권자는 반드시 지휘관으로만 국한되지 않고 명령, 규칙, 관한 등에 의하여 허가권자가 결정된다.

> ◉군형법 제79조, 무단이탈의 죄는 그것이 반드시 근무 또는 지정된 장소에서 멀리 떠난 경우뿐만 아니라, 동 이탈로 인하여 그에 부과된 임무를 수행할 수 없는 정도로 이탈함으로써 족하다고 할 것이며, 피고인이 군사분계선을 넘어간 장소는 피고인의 근무장소가 아니라 할 것이니, 그 넘어선 거리가 소론과 같이 비록 10미터에 불과하였다 할지라도, 피고인의 동 소위는 군형법 제79조의 무단이탈죄에 해당된다고 보아야 할 것. (대법원 1967.07.25. 선고 67도734 판결)
>
> ◎사실관계 : 피고인 甲 위 북한 괴뢰군인들과 만나게 된 것은 그들이 먼저 만날 것을 청하여 와서 "국군 비겁하다"는 등 야유를 함에 그를 피한다면 정말 피고인 甲이 겁쟁이인 것 같은 인상을 주어 부하 사병들에 대한 사기문제가 있고, 한편 피고인 甲 자신 그들을 한번 만나 적의 내막을 알아보고 싶은 호기심도 있었고, 또 그들에게 대한민국의 선전도 하여주고 싶은 생각이 나서 DMZ를 넘어서 만났다.

나) 지정한 시간까지 지정한 장소에 도달하지 못함

군형법 제79조 무단이탈죄가 성립하는 또 다른 경우가 군인이 허가권자의 허가를 얻어 적법한 이탈을 하였으나 지정된 시간 이내에 지정한 장소까지 복귀하지 않는 경우이다.

예컨대, A부대 소속 하사 甲 허가권자의 정당한 허가를 얻어 외출하였으나 귀대시간 19시까지 소속부대에 도달하지 않는 경우 군형법 제79조 무단이탈죄가 성립한다. 이때 A부대 소속 하사 甲이 귀대시간을 망각하여 착오로 인하여 도달하지 못하였거나, 교통체증 등으로 도달하지 못한 경우라도 하사 甲에게 과실이 있는 경우에는 무단이탈죄가 성립하는데 문제가 되지 않는다. 다만 미복귀에 A부대 소속 하사 甲에게 군무기피의 목적이 존재한다면 후술할 군형법 제30조 제1항의 군무이탈죄가 성립한다.

다. 주관적 구성요건

허가 없이 근무 장소 또는 지정장소를 일시적으로 이탈하거나 지정한 시간까지 지정한 장소에 도달하지 못한다는 점에 대한 인식 내지는 의사를 요한다. 다만, 군무기피의 목적이 있으면 군형법 제79조 무단이탈죄가 성립하지 아니하고 후술할 군형법 제30조 제1항의 군무이탈죄가 성립한다.

라. 처벌

1년 이하의 징역이나 금고 또는 300만원 이하의 벌금에 처한다.

3. 군무이탈의 죄

가. 서설

군형법 각칙 제6장은 군무이탈로써 군의 실체를 침해하는 행위를 범죄로 규정하고 있다. 본장의 죄는 군의 인적 자원을 보호하고 군기를 확립하는 것은 물론 적에게 도주하는 행위를 방지하여 군의 위신을 보호하기 위해 마련된 것이다.

군무이탈의 문제는 오늘날 군정 및 군 형사정책에 있어 가장 중요한 문제 중 하나가 되고 있다. 군무이탈은 개인의 범죄적 기질에서 유래한다기보다는 군 사회의 특징적 요소인 엄정한 규율에 대한 적응 부족, 내무부조리, 사회적·경제적 불안 등 외부적 요인에서 유래하는 경우가 더 많다.

군무이탈의 죄는 군무이탈죄(군형법 제30조 제1항), 이탈자불복귀죄(군형법 제30조 제2항), 특수군무이탈죄(군형법 제31조), 이탈자비호죄(군형법 제32조), 적진도주죄(군형법 제33조) 5가지 유형으로 나누어 볼 수 있다.

나. 군무이탈죄

> 제30조(군무 이탈)
> ① 군무를 기피할 목적으로 부대 또는 직무를 이탈한 사람은 다음 각 호의 구분에 따라 처벌 한다.
> 1. 적전인 경우: 사형, 무기 또는 10년 이상의 징역
> 2. 전시, 사변 시 또는 계엄지역인 경우: 5년 이상의 유기징역
> 3. 그 밖의 경우: 1년 이상 10년 이하의 징역

1) 의의

군무이탈이란 군무를 기피할 목적으로 부대 또는 직무를 이탈하는 행위를 말한다.

2) 객관적 구성요건

가) 주체

군형법 제30조 제1항 군무이탈죄의 주체는 군형법 피적용자인 군인 또는 준군인이다. 훈련소 또는 보충대에 입소한 경우 민간인은 군인의 신분을 취득하여 군형법의 피적용자가 되므로 도착한 이후에 임의로 보충대 또는 훈련소를 벗어나게 되면 군무이탈죄가 성립한다.

◉피고인이 육군 간부후보생 합격자로서 제2훈련소에 입소하여 제16육군병원에서 신체검사 대기 중 병원을 이탈한 사실을 인정하고 이에 대해 군형법 제30조 제1항 제3호를 적용하여 피고인을 군무이탈자로 처단한 사실을 인정할 수 있는바, 육군 간부후보생지원자로서 시험에 합격 응소하였다하더라도 아직 최종적인 입영 신체검사를 필하지 않는 자는 그 신분이 민간인으로서 군법회의에 재판권이 없다. (육군고등군법회의 1970.12.15.선고 70고군형항1045)

나) 행위

군무이탈죄는 군인 또는 준군인이 부대나 직무를 이탈하는 것이다. 부대는 용어의 정의와 같고(제2조 제4호), '직무'[3]는 직무장소를 의미한다. '이탈'이란 부대나 직무로부터 유리된 상태로서 현실적으로 맡은바 군무를 이행할 수 없는 상태에 도달하는 것으로 족하다. 또한 휴가, 외출시 귀대시간에 귀대하지 않거나 야외 훈련 후 귀대하지 않는 등 이미 정당하게 이탈된 상태에서 귀대하지 않는 그 자체가 바로 이탈이 된다.

군무이탈죄는 부대나 직무로부터 이탈을 요건으로 하기에 단순하게 직무를 집행하지 않거나 기피하는 것은 군형법 제24조 직무유기죄는 성립할 수 있으나 군무이탈죄는 성립하지 않는다.

◉군형법 제30조의 군무이탈죄는 군무를 이탈할 목적으로 부대 또는 직무를 이탈하면 곧 성립되는 것이므로 휴가 허가기간 종료 후 군무를 기피할 목적으로 귀대하지 아니하면 곧 군무이탈죄는 성립되고 그 후는 군무이탈의 위법상태가 계속되는데 불과하다. (대법원 1976.06.22. 선고 76도1342)

◎사실관계 및 판단 : 1974.6.18부터 28까지 휴가를 얻어 소속대를 나왔다가 군무를 기피할 목적으로 지정 일시에 소속대에 귀대하지 않음으로써 1975.9.10. 검거될 때까지 약 1년 4개월간 부대를 이탈함

3) 직무란 군이 부여한 특정 또는 불특정 임무를 뜻하는 경우와 직무장소를 의미하는 경우가 있다. 군형법 제24조 직무유기에서 직무는 전자인 군이 부여한 특정 또는 불특정 임무를 뜻하나 군형법 제30조 제1항에서 직무는 후자인 직무장소를 의미한다.

3) 주관적 구성요건

군무이탈죄는 고의 이외에 군무를 기피할 목적을 요하는 목적범이다. 여기서 '군무'라 함은 군형법상 유사한 용어로 사용되는 임무(제31조), 직무(제24조), 근무(제41조) 등을 포함하는 가장 광의의 것으로 군에 대한 복무 일체를 말한다.

'군무기피의 목적'이란 병역을 기피하려는 목적을 물론이고 구체적 직무를 기피하거나 특정 임무를 회피하려는 의사를 포함한다. 이러한 군무기피 목적은 이탈행위를 할 당시에 존재하여야 한다. 다만, 군무기피의 목적은 범죄의 주관적 구성요건이므로 엄격한 증명에 의한 입증이 필요하지만 행위자의 내심(內心)의 의사에 관한 것이므로 입증하기는 곤란하다. 이와 관련한 판례는 무단이탈한 사실의 입증이 있으면 군무기피의 목적을 추정한다.

◉군형법 제30조의 군무이탈죄는 군무를 기피할 목적이 있음을 요하는 목적범이지만, 군인이 소속 부대에서 무단이탈하였다면 다른 사정이 없는 한 그에게 군무기피의 목적이 있었던 것으로 추정되고, 군무이탈죄는 그 이탈행위가 있음과 동시에 완성되므로, 그 이후의 사정 여하는 범죄의 성립 여부에 영향이 없다. (대법원 1995.7.11, 선고, 95도910)

◎사실관계 및 판단 : 피고인 甲은 육군사관학교를 졸업한 장교로서, 군부대에 만연하여 있는 하극상을 바로잡기 위하여는 대형 사고를 저질러 그 진상을 사회에 알려야만 한다는 그릇된 생각을 가지고 이 사건 범행에 이르게 되었고, 범행 전에 공범인 소위 乙를 통하여 소속 중대장 丙에게 범행동기를 밝히면서 다시 돌아오겠다는 내용의 메모를 남겼으며, 소총과 수류탄을 소지하고 차량을 탈취하여 군부대를 이탈하였다가 그로부터 약 9시간 만에 원래 계획한 대로 자수한 사실은 인정되나, 위와 같은 사정만으로는 피고인에게 군무를 기피할 목적이 없었다고 볼 수 없다.

4) 처벌

적전인 경우 사형, 무기 또는 10년 이상의 징역. 전시, 사변 시 또는 계엄지역인 경우는 5년 이상의 유기징역. 그 밖의 경우에는 1년 이상 10년 이하의 징역. 그리고 이 죄의 미수범은 군형법 제34조에 의하여 처벌한다.

다. 이탈자불복귀죄

제30조(군무 이탈)
② 부대 또는 직무에서 이탈된 사람으로서 정당한 사유 없이 상당한 기간 내에 부대 또는 직무에 복귀하지 아니한 사람도 제1항의 형에 처한다.

1) 의의

이탈자불복귀죄는 부대 또는 직무에서 이탈된 사람으로서 정당한 사유 없이 기간 내에 복귀하지 않는 경우에 성립하는 범죄이다.

2) 객관적 구성요건

가) 주체

주체는 군형법 피적용자 중에서 부대 또는 직무에서 이탈된 자이다. 주의할 것은 군형법 제30조 제2항의 이탈자는 군무기피의 목적이 없는 자이면서 이탈상태에 있는 자이다.

예컨대, 전투행위 중 부대가 위급에 처하여지자 상관의 명령 등에 의하여 부대가 분산된 경우 하사 甲은 상당한 기간 내에 부대에 복귀를 하여야 하나 상당한 기간이 지나도록 복귀를 하지 않은 경우 하사 甲은 정당한 사유가 없는 한 군형법 제30조 제2항의 이탈자불복귀죄에 해당되어 군형법 제30조 제1항이 적용되어 5년 이상의 유기징역에 처하게 된다. 다만, 하사 甲에게 이탈행위 당시 군무기피의 목적이 있었다면 그 즉시 군형법 제30조 제1항의 군무이탈죄가 성립하기 때문이다.

또 다른 예로 천재지변 기타 법령에 의하여 일시적으로 이탈이 하사 甲에게 허용되었으나 상당한 기간이 지나도록 복귀를 하지 않은 경우 하사 甲은 정당한 사유가 없는 한 군형법 제30조 제2항의 이탈자불복귀죄에 해당한다. 마찬가지로 하사 甲에게 이탈행위 당시 군무기피의 목적이 있었다면 그 즉시 군형법 제30조 제1항의 군무이탈죄가 성립한다.

나) 행위

정당한 사유 없이 상당한 기간 내에 복귀하지 않는 것이다.

'정당한 사유'란 군조직의 특수성을 고려하여 매우 한정적으로 인정된다. 예를 들어 불의의 사고로 귀대불능을 타전한 경우, 교통기관의 불통, 위법행위로 인한 구속 등의 경우에만 정당한 사유라고 볼 수 있을 것이다.

'상당한 기간'이란 이 죄와 무단이탈죄를 구별하는 결정적인 기준으로서, 이탈된 상태에서 제반사정상 인정되는 복귀에 필요한 최단의 시간을 의미한다. 다만 위의 육군고등군법회의 1969.7.15.선고69고군형항416에서 판시한바 이탈 당시 특정되어 귀대의 의무가 구체화 되어 있는 경우에는 제1항의 군무이탈죄가 된다고 할 것이다. 즉, 천재지변, 부대해산 등으로 이탈 후 통신, 방송 기타 공고를 통하여 객관적으로 기간이 특정되는 경우에는 그 기간에 따라야 하므로 이를 위반하면 군형법 제 30조 제2항의 이탈자불복귀죄가 아니라 무단이탈 또는 군무이탈에 해당하게 된다. 다만, 실무상 이탈의 기간이 긴 경우 대부분 군무이탈로 처벌을 하고 있다.

'복귀'는 현실적인 복귀를 의미하므로 서신 발송 등은 복귀가 아니며, 원대의 지시가 없는 한 반드시 원대에 한하지 않는다. 즉, 인근 부대나 헌병대 등에 지체없이 출두하게 되면 이탈이 되지 않는다고 본다.

3) 주관적 구성요건

본죄는 고의범이며, 본죄의 성립에는 군형법 제30조 제1항 군무이탈죄에서 요구하는 군무기피의 목적은 필요하지 않는다.

4) 처벌

적전인 경우 사형, 무기 또는 10년 이상의 징역. 전시, 사변 시 또는 계엄지역인 경우는 5년 이상의 유기징역. 그 밖의 경우에는 1년 이상 10년 이하의 징역. 그리고 이 죄의 미수범은 군형법 제34조에 의하여 처벌한다.

라. 특수근무이탈죄

> 제31조(특수 군무 이탈)
> 위험하거나 중요한 임무를 회피할 목적으로 배치지 또는 직무를 이탈한 사람도 제30조의 예에 따른다.

1) 의의

특수군무이탈죄는 위험 또는 중요한 임무에 종사하고 있는 자가 그 임무를 회피할 목적으로 배치지 또는 직무를 이탈함으로써 군의 정상적인 임무 수행에 차질을 초래하는 행위를 처벌하는 것이다. 그러나 특수군무이탈죄와 제30조의 군무이탈죄에 대한 구성요건이 유사하고, 법정형이 동일한 등 구별할 실익은 크지 않다.

2) 객관적 구성요건

가) 주체

군형법 피적용자 중 위험 또는 중요한 임무에 종사하고 있는 자이다. 여기서 '위험한 임무'란 생명·신체에 대한 위험을 수반하는 임무를 말하고, '중요한 임무'란 타인이 즉각적으로 대체하기 곤란한 임무 또는 군의 기능 수행상 중대한 관계가 있는 임무를 의미한다. 예컨대, 전투 중의 근무, 위험지역에서의 근무, 대규모 재해 발생 시 일반 시민의 재산을 보호하거나 폭동이나 소요를 진압하는 작전에 투입되는 임무를 들 수 있다.

나) 행위

특수군무이탈죄에서 행위는 위험 또는 중요한 임무에 종사하고 있는 자가 배치지 또는 직무를 이탈하는 것이다. 배치지는 개인적으로 배치된 지역과 부대가 전체적으로 배치된 지역을 모두 포함한다.

3) 주관적 구성요건

특수군무이탈죄가 성립하기 위해서는 고의 이외에도 '위험 또는 중요한 임무를 회피할 목적'이 있어야 한다. 위험 또는 중요한 임무는 이미 전술하였다.

4) 처벌

적전인 경우 사형, 무기 또는 10년 이상의 징역. 전시, 사변 시 또는 계엄지역인 경우는 5년 이상의 유기징역. 그 밖의 경우에는 1년 이상 10년 이하의 징역. 그리고 이 죄의 미수범은 군형법 제34조에 의하여 처벌한다.

마. 이탈자비호죄

제32조(이탈자 비호)

제30조 또는 제31조의 죄를 범한 사람을 숨기거나 비호한 사람은 다음 각 호의 구분에 따라 처벌한다.

1. 전시, 사변 시 또는 계엄지역인 경우: 5년 이하의 징역
2. 그 밖의 경우: 3년 이하의 징역

1) 의의

이탈자비호죄는 군무이탈자 또는 특수군무이탈죄를 범한 자를 은닉 또는 비호한 자를 처벌하는 것이다. 군무이탈자 또는 특수군무이탈죄를 범한 자를 은닉 또는 비호한 자는 국가의 형사사법의 기능을 침해하였기에 처벌을 한다.

2) 객관적 구성요건

가) 주체

주체는 군형법의 피적용자인 군인 또는 준군인이다. 군형법 피적용자가 아닌 자 예컨대 일반인 甲이 군무이탈자 또는 특수군무이탈죄를 범한 자를 은닉 또는 비호한 경우 형법 제151조 범인은닉죄가 적용되어 3년 이하의 징

역 또는 500만원 이하의 벌금에 처해지나, 하사 乙이 군무이탈을 한 친구 하사 丙을 은닉 또는 비호한 경우 이탈자비호죄가 적용된다.

나) 객체

군형법 제30조 또는 군형법 제31조 특수군무이탈죄를 범한 자이다.

다) 행위

은닉 또는 비호하는 것이다. '은닉'은 수사기관으로부터 발견, 체포를 곤란하게 할 수 있는 장소를 제공하는 것이다. '비호'한다는 것은 형법 제151조에서의 '도피'와 같은 의미로, 은닉 이외의 방법으로 관헌으로부터의 발견, 체포를 곤란하게 할 수 있는 일체의 행위를 말한다.

예컨대, 하사 甲이 군무이탈죄를 저지른 하사 乙에게 도피를 권고하거나, 하사 乙의 자수를 저지하는 것 또는 도피중인 하사 乙에게 도피처 부근의 상황이나 수사현황 등을 알려주어 도주에 편의를 제공하는 것이다.

3) 주관적 구성요건

본죄의 객관적 구성요건 요소인 군무이탈죄 또는 특수군무이탈죄를 범한 사람을 숨기거나 비호 한다는 인식과 의사가 있어야 한다.

4) 처벌

전시, 사변 시 또는 계엄지역인 경우에는 5년 이하의 징역에 처한다. 적전에서 비호한 경우에도 이에 포함된다. 그 밖의 경우에는 3년 이하의 징역에 처한다. 미수범은 처벌한다.

바. 적진도주죄

제33조(적진으로의 도주)
적진으로 도주한 사람은 사형에 처한다.

1) 의의

적진도주죄는 국가에 충성을 다하여야 할 군인, 준군인이 그 직책을 성실히 수행하지 아니하고 적에게 도주함으로써 국가와 군의 기대에 배신하는 행위를 벌하는 것이다. 이 죄가 배신행위를 벌하는 죄라는 점에서 비겁행위를 벌하는 항복죄(제22조), 솔대도피죄(제23조)와 구별된다.

2) 객관적 구성요건

가) 주체

군형법 피적용자이다.

나) 행위

적진으로 도주하는 것이다. '적진으로 도주한다'함은 적의 실력적 지배 범위 내로 들어간다는 말이다. '적'이라 함은 교전상대 또는 교전단체를 의미한다. 적 이외의 다른 곳으로 도주한 경우에는 적진도주죄가 성립하시 않는나. 그러나 적지(敵地)일 필요도 없고 적과 사전 연락이 있을 필요도 없다. 행위의 동기는 불문하고, 이적의 목적이건 일신상의 안전을 위한 것이건 불문한다.

3) 주관적 구성요건

본죄의 객관적 구성요건인 적진으로 도주한다는 인식과 의사가 있어야 한다.

4) 처벌

사형에 처한다. 본 죄의 미수범은 처벌한다.

4. 수소이탈의 죄

가. 서설

군형법 각칙 제5장은 수소이탈의 죄라 하여 수소에 배치된 지휘관 또는 초병이 그 임무의 중요성을 망각하고 수소를 이탈함으로써 직무를 위배하는 행위를 범죄로 규정하고 있다.

수소이탈의 죄는 군의 수소근무라는 중요한 직무의 기능을 그 보호법익으로 한다. 위 수소이탈의 죄는 군형법 제27조 지휘관수소이탈죄와 제28조 초병수소이탈죄 그리고 제29조 미수범 처벌의 규정으로 구성되어 있다.

나. 지휘관수소이탈죄

제27조(지휘관의 수소 이탈)

지휘관이 정당한 사유 없이 부대를 인솔하여 수소를 이탈하거나 배치구역에 임하지 아니한 경우에는 다음 각 호의 구분에 따라 처벌한다.

1. 적전인 경우: 사형
2. 전시, 사변 시 또는 계엄지역인 경우: 사형, 무기 또는 5년 이상의 징역 또는 금고
3. 그 밖의 경우: 3년 이하의 징역 또는 금고

1) 의의

지휘관수소이탈죄는 지휘관이 정당한 사유 없이 부대를 인솔하여 수소를 이탈하거나 배치구역에 임하지 아니함으로써 지휘에 관한 직무를 위배하는 것이다. 이러한 지휘관수소이탈죄의 대표적 예로 1979년 12월 12일 전두환·노태우 전 대통령 등이 이끌던 군부 내 사조직인 '하나회' 중심의 신군부세력이 일으킨 군사반란을 들 수 있다. 다만. 대법원은 반란에 수반하여 행한 지휘관계엄지역수소이탈 및 불법진퇴가 반란죄에 흡수되는지 여부(적극) 반란의 진행과정에서 그에 수반하여 일어난 지휘관계엄지역수소이탈 및 불법진퇴는 반란 자체를 실행하는 전형적인 행위라고 인정되므로, 반란죄에 흡수되어 별죄를 구성하지 아니한다고 판시한 바 있다.

2) 객관적 구성요건

가) 주체

본죄의 주체는 수소를 방위할 책임을 진 지휘관이나 배치구역을 지정받은 지휘관이다.

나) 행위

수소를 방위할 책임을 진 지휘관이나 배치구역을 지정받은 지휘관이 정당한 사유 없이 부대를 인솔하여 수소를 이탈하거나 배치구역에 임하지 아니하는 것이다. 즉, 지휘관수소이탈죄는 수소이탈과 배치구역불임이라는 두 가지 행위태양으로 구분된다.

'수소'란 군이 실력으로 점거하여야 할 장소로서 수지(守地), 수해(守海) 및 수공(守空)을 말하며, 수소는 어떤 가상의 선으로 둘러싸인 지역뿐만 아니라 작전 명령이나 주위환경에 의하여 형성된 일체의 지역을 포함하는 것으로 단순한 공간적 개념이 아니라 전술적 개념에 해당한다.

'배치지'는 수소, 수소 이외의 일정한 임무 수행을 위하여 위치하여야 할 장소인 경우도 있다. '이탈'은 수소로부터 적극적으로 수소 밖으로 이전하는 행위이다. 이탈의 범위는 수소를 벗어남으로써 부대의 임무를 완수할 수 없다고 인정되는 정도의 이탈이 되어야만 기수가 된다고 본다. '배치구역에 임하지 않는 것'은 지휘관이 배치의 지시를 받고 부대를 인솔하여 이에 임하지 않는 것이다.

3) 주관적 구성요건

정당한 사유 없이 수소를 방위할 책임을 진 지휘관이나 배치구역을 지정받은 지휘관이 수소를 이탈하거나 배치구역에 임하지 않는다는 인식과 의사가 있어야 한다. 여기서 주의할 점이 수소를 방위할 책임을 진 지휘관이나 배치구역을 지정받은 지휘관이 군무기피의 목적으로 수소를 이탈하거나 배치구역에 임하지 아니한 경우에는 군무이탈죄(제30조)를 구성하게 된다.

4) 처벌

적전인 경우에는 사형에 처한다. 전시, 사변 또는 계엄지역인 경우에는 사형, 무기 또는 5년 이상의 징역 또는 금고에 처하고 기타의 경우에는 3년 이하의 징역이나 금고에 처한다. 이 죄의 미수범은 처벌한다.

다. 초병수소이탈죄

제28조(초병의 수소 이탈)
초병이 정당한 사유 없이 수소를 이탈하거나 지정된 시간까지 수소에 임하지 아니한 경우에는 다음 각 호의 구분에 따라 처벌한다.
1. 적전인 경우: 사형, 무기 또는 10년 이상의 징역
2. 전시, 사변 시 또는 계엄지역인 경우: 1년 이상의 유기징역
3. 그 밖의 경우: 2년 이하의 징역

1) 의의

초병수소이탈죄는 초병이 정당한 사유 없이 수소를 이탈하거나 지정된 시간내에 수소에 임하지 아니하는 것이다. 지휘관수소이탈죄는 지휘관이라는 신분의 특수성과 일반적 지휘의무위배에 따른 범죄인데 반해 이 죄는 초병이 군의 눈과 귀에 해당하는 임무의 중요성을 망각하고 배치 받은 수소를 이탈하거나 이에 임하지 않음으로써 경계에 관한 직무를 위배하는 범죄이다.

2) 객관적 구성요건

가) 주체

주체는 초병이다. '초병'이란 실제로 수소에 배치되어 근무에 임하는 자는 물론이고, 초병근무명령을 받아 경계근무감독자에게 신고하고 근무시간에 임박하여 경계근무의 복장을 갖춘 자도 포함된다.

나) 행위

본죄는 초병이 정당한 사유 없이 수소를 이탈하거나 지정된 시간 내에 수소에 임하지 아니하는 것이다. 이는 초병이란 원래 경계를 그 고유의 임무로 하고 있는 것이며 초병의 수소이탈을 특별히 죄로 규정하고 있는 취지는 그 경계임무를 강화하자는데 있다. 따라서 초병은 잠시도 그 장소를 떠나서는 안되는 것이므로 지정장소를 벗어남으로써 경계임무가 중단되었다면 이 죄가 성립하였다고 본다.

'지정된 시간'이란 초병규칙이나 상관의 명령에 의하여 지정된 시간을 말한다.

3) 주관적 구성요건

정당한 사유 없이 수소를 이탈하거나 지정된 시간까지 수소에 임하지 아니한다는 인식과 의사가 있어야 한다.

4) 처벌

적전인 경우에는 사형, 무기 또는 10년 이상의 징역에 처한다. 전시, 사변시 또는 계엄지역인 경우에는 1년 이상의 유기징역에 처하고, 그 밖의 경우에는 2년 이하의 징역에 처한다. 이 죄의 미수범은 처벌한다.

제 3 절 항명의 죄

1. 서설

군형법 각칙 제8장은 항명의 죄라 하여 상관의 정당한 명령권을 침해하는 행위와 일반적 규범으로서의 명령을 위반하는 행위를 범죄로 규정하고 있다.

군대의 가장 큰 특징의 하나는 명령복종관계가 다른 어느 사회보다도 엄격하다는 것이다. 그것은 군대란 유사시에 생명을 걸고 국가수호의 임무에 종사하는 공동운명체적인 성격을 가진 조직이므로 명령복종관계가 확립되지 않고는 그 본연의 임무를 수행할 수 없을 것이기 때문이다. 이에 따라 상관의 명령에 복종하지 아니하는 행위를 군에서는 범죄로 인정하여 처벌하고 있다. 아울러 상관의 개별적인 명령은 아니더라도 일반적 규범으로서의 명령에 위반한 행위를 처벌하고 있다. 그러므로 항명죄의 보호법익은 상관의 정당한 명령권 및 군의 질서라 할 수 있고, 항명죄는 가장 순정군사범에 해당한다.

항명의 죄 행위유형에는 항명죄(제44조), 집단항명죄(제45조), 상관제지불복종죄(제46조), 명령위반죄(제47조) 등이 있다.

오늘날 항명의 죄가 중요한 이유는 사회가 민주화되면서 군에 미치는 가장 큰 영향이 바로 명령의 복종에 관한 것이다. 매년 수십만 명의 젊은이들이 군에 입대하면서 우리 군은 새로운 군기강 확립의 요청에 직면하였고 이는 종래의 획일적이고 권위주의적인 명령일변도의 체계에 치명적인 타격을 가하고 있는 것이다. 이러한 것은 비단 병사뿐만 아니라 부사관, 장교들 사이에도 예외 없이 나타나고 있다. 이러한 현실 앞에서 우리 군의 명령복종규범은 어떠한 변혁이 필요한 것인가를 생각해보지 않을 수 없다. 군대조직의 생명인 명령복종체제에 민주화의 요구가 타당한 것인지, 어느 정도 수용이 가능할 것인가는 앞으로도 생각해볼 문제로 남아있다.

2. 항명죄

제44조(항명)

상관의 정당한 명령에 반항하거나 복종하지 아니한 사람은 다음 각 호의 구분에 따라 처벌한다.

1. 적전인 경우: 사형, 무기 또는 10년 이상의 징역
2. 전시, 사변 시 또는 계엄지역인 경우: 1년 이상 7년 이하의 징역
3. 그 밖의 경우: 3년 이하의 징역

가. 의의

항명죄는 군형법의 피적용자가 상관의 정당한 명령에 반항하거나 불복종할 경우에 성립하는 범죄이다. 상관의 명령에 불복하는 행위는 군의 지휘통솔관계를 문란하게 하며, 나아가 군 존립 자체에 중대한 위협이 되므로 형벌에 의한 제재를 기하고 있는 것이다.

나. 객관적 구성요건

1) 주체

주체는 군형법 피적용자이다.

2) 객체

상관의 정당한 명령이다.

가) 상관의 의미

상관에는 군형법 제2조 제1호 규정되어 있는 바와 같이 순정상관과 준상관의 두 가지 종류가 있으나, 본죄에서 상관은 명령권자인 순정상관에 한하고 준상관은 포함되지 않는다. 항명죄가 명령복종관계를 요구하기에 상관에서 순정상관에 한하는 것은 당연한 것이다.

나) 명령

명령이라 함은 상관이 부하에게 지시하는 문서, 구두 또는 신호 등에 의한 의사표시를 말하며 수령자에게 강제적으로 상관이 요구하는 내용을 실현함을 목적으로 한다. 상관의 단순한 충고, 희망, 요구 등은 명령이 아니다. 이에 군형법 제44조의 항명죄의 구성요건에 해당되는 명령이 되기 위해서는 위와 같은 충고, 희망, 요구 등과 구별되고 명령임이 객관적으로 확실하여야 함은 물론이고 수령자에게도 명령임이 인식되어야 한다.

항명죄에서의 명령은 상관의 직무권한 내에서 발하여진 명령으로서 법률, 명령, 규칙 등의 법령상 근거가 뒷받침되어야 하나 설령 구체적인 근거는 없더라도 군의 사명, 조리, 관례 등에 비추어 필요한 사항에 대하여는 명령권한이 존재한다고 보고 있다.

명령의 내용은 군사에 관한 의무를 부과하는 것이어야 한다. 군사에 관한 의무는 반드시 작전행위라는 군의 고유한 임무와 관련된 것일 필요는 없고, 구체적인 명령의 목적, 상황, 취지 등을 고려하여 판단되어야 할 것이다. 따라서 군사상의 의무와 무관한 일상적 의무에 관한 명령-예컨대, 병사에 대하여 전두화의 청소 상태 등 복상 상태가 불량함을 지적하면서 이를 즉시 시정할 것을 명령하는 경우- 개인적 목적의 달성에만 유일한 취지가 있는 명령-예컨대, 중대장이 병사에게 개인 숙소의 청소 내지는 세탁 등을 개인적으로 지시하는 명령-은 항명죄의 명령이 아니다.

다) 정당한 명령

군형법상 정당한 명령이란 어떠한 명령을 의미하는가에 관하여서는 몇 가지 해석이 있다. 그 가운데 통설은 정당한 명령을 상관의 '적법한 명령'에 복종하여야 한다는 것이다. 이 해석에 의하면 상관의 명령이 위법한 경우에는 이에 복종하지 아니하여도 죄가 되지 않으나 적법한 명령인 이상 그것이 정당하든 부당하든 이를 불문하고 복종해야한다는 결론이 나온다. 이러한 적법한 명령이 되기 위한 세부적으로 설명하면 다음과 같다.

첫째, 권한 내의 명령일 것이 요구된다. 즉 특정의 명령이 상관에게 부여된 명령권의 범위내의 것이어야 한다. 군의 편제상 지휘계통에 연속된 명령복종 관계 하에서의 지휘권자는 그 지휘에 속하는 자에 대하여 신분상, 직무상의 포괄적인 명령권을 가지고 지휘권자는 위 포관적인 명령권 내에서 명령을 하여야 한다.

둘째, 군사에 관한 의무를 부과하는 명령일 것이 요구된다. 따라서 군사상 의무와 무관한 일상적인 업무에 관한 명령(예컨대, 병사에게 개인 숙소의 청소 등)이나 개인적 목적의 달성에만 유일한 취지가 있는 명령(예컨대, 자기의 개인집을 짓는데 협조하라는 명령)은 적법한 명령이 아니다. 이는 군사에 관한 업무가 아니기 때문이다.

셋째, 법규에 위배되지 않는 명령일 것을 요한다. 특정의 명령이 적법한 것이 되기 위해서는 그 내용이 헌법이나 법률에 위배되어서는 안 된다. 그러므로 불법행위를 내용으로 하는 명령이나 헌법상 보장된 개인의 불가침적인 권리를 침해하는 명령은 적법한 명령이 될 수 없다.

넷째, 명령의 내용이 명령의 수령자의 직무범위내의 것으로서 그 수행이 가능한 것이어야 한다. 따라서 객관적으로 수령자의 직무범위 밖의 행위를 지시하는 것은 수령자에게 불법을 강요하는 것에 불과할 것이며, 또 명령권자가 수령자에게 수행불가능한 지시를 내렸을 경우에는 수령자의 인권을 침해하는 경우가 많을 것이다.

◉항명죄는 그 객체인 정당한 상관의 명령은 당해 명령을 할 수 있는 직권을 가진 장교인 상관이 특정의 군법 피적용자에 대하여 군무에 속하는 특정한 사항에 관하여 하명(구두, 서면, 전화 등의 방법으로 직접 또는 타인을 통하여 전달하는 명령)된 명백히 불법한 내용이라고 보여지지 않는 명령을 이르는 것이다. (대법원 1967.3.21. 선고 63오4)

◉군형법 제44조의 정당한 명령이란 발령자가 수령자에 대하여 그 직무상의 권한 내에서 특정의 작위 또는 부작위를 요구하는 의사표시로서 군사에 관한 의무를 부과하는 것을 내용으로 하는 것이며, 군사상의 명령은 신속하게 수행될 것을 생명으로 하기에 수령자는 그 명령이 명백히 위법이 아닌 한 그 적법성에 의문을 제기함이 없이 절대적으로 복종해야할 의무가 있다. 즉, 수령자는 명령에 대한 당·부당의 심사권이 없으며, 수령자는 증거에 의하여 문제를 제기하지 않는 한 일응 그 명령이 적법한 것으로 추정하여야 한다. (고등군사법원 1996.7.23. 96노145)

3) 행위

반항하거나 불복종하는 것이다. '반항한다'는 것은 명시적이고 적극적인 태도로써 거부, 항거하는 의사표시를 하는 것이고, '불복종'이란 묵시적이고 소극적인 태도로서 그 수행을 거부하는 것을 말한다.

◉반항 또는 불복종은 명령에 복종하지 않겠다는 의사표시 외에 결과적으로도 명령의 내용인 작위 또는 부작위를 실행하지 않을 것, 즉 구체적인 항명행위가 필요한 것이므로 이에 대한 판단이 먼저 필요하다. (고등군사법원 1996. 5. 7. 선고 96노166 판결)

◎판단 : 항명죄의 성립을 위해서는 단순한 반항의 의사표시만으로는 부족하고 명령불복종이라는 현실적 (작위 또는 부작위의) 행위가 필요하다는 점을 명확히 하고 있다.

다. 주관적 구성요건

상관의 정당한 명령에 반항하거나 복종하지 않는다는 인식과 의사가 있어야 한다.

◉피고인이 태만, 분망, 착각, 무사려, 부주의와 같은 사유로 말미암아 부당한 결과를 초래한 경우에는 항명죄에 해당한다 할 수 없다. (육군고등군사법원 1978.6.8. 육군 78고군형항 256)

◎사실관계 및 판단 : 소대장 소위 甲은 피고인 乙에게 익일 08:00부터 11:45분까지 소속분대원들의 태권도 총검술 교육을 실시하라는 명령을 받고도 소속대 인사계로부터 환경정리지시를 받고 환경정리를 하느라고 익일 08:00부터 11:45분까지 위 교육을 실시하지 못하였다. 이는 피고인 乙에게 상관의 정당한 명령에 반항하거나 복종하지 않는다는 인식과 의사가 없이 단순히 태만, 분망, 착각, 무사려, 부주의와 같은 사유로 말미암아 정당한 명령을 이행하지 아니한 것에 불과하기에 항명죄가 성립할 수 없다.

라. 처벌

적전인 경우에는 사형, 무기 또는 10년 이상의 징역에 처한다. 전시, 사변 시 또는 계엄지역인 경우에는 1년 이상 7년 이하의 징역에 처한다. 그 밖의 경우에는 3년 이하의 징역에 처한다.

◉항명죄를 인정하지 아니한 판례

총검술훈련의 휴식시간 중 깍지끼고 팔굽혀펴기, 브리지(일명 한강철교)등과 함께 선착순구보를 시킨 것은 가혹행위를 강요한 것이라고 보아야 할 것이고 그 선착순구보 명령에 따르지 않았다 하여 군형법 제44조 소정의 항명죄를 구성한다고는 볼 수 없다 할 것이다. (1989. 2.10. 육군 88항 346)

◉항명죄를 인정한 판례

관등성명을 대는 것은 군인의 기본자세로서 군의 질서유지에 직접적으로 연관된 것으로 관등성명을 대라는 소대장의 지시는 소대장으로서 소대내의 간부에 대한 예의를 지키고, 신병들에 대한 자유로운 병영생활을 보장하여 군기 및 사기를 유지 또는 증진시켜 전투력을 발휘함을 임무로 하고 있는 자신의 권한 범위 내에서 발한 것으로서, 군의 사기, 군기 및 피지휘자의 유용성을 보호 내지 증진하기 위해 적합하고 필요하며, 군의 질서를 유지하는데 직접적으로 연관된 행동, 즉 군사상의 의무를 부과하는 것을 내용으로 하고 있고 달리 그 명령이 군사상의 필요성을 넘어 지나치게 개인의 기본권을 침해하는 것이라 볼 수 없다 할 것이므로 원심판결이 피고인들에게 유죄를 인정한 데에는 어떠한 위법도 발견할 수 없으므로 이 점에 관한 항소이유는 받아들이지 아니한다. (2000.5.16.고등군사법원 2000 노 95)

3. 집단항명죄

제45조(집단 항명)

집단을 이루어 제44조의 죄를 범한 사람은 다음 각 호의 구분에 따라 처벌한다.

1. 적전인 경우: 수괴는 사형, 그 밖의 사람은 사형 또는 무기징역
2. 전시, 사변 시 또는 계엄지역인 경우: 수괴는 무기 또는 7년 이상의 징역, 그 밖의 사람은 1년 이상의 유기징역
3. 그 밖의 경우: 수괴는 3년 이상의 유기징역, 그 밖의 사람은 7년 이하의 징역

가. 의의

집단항명죄란 집단을 이루어 상관의 정당한 명령에 반항하거나 불복종하는 것으로, 상관의 명령권을 침해하는 죄이나 집단으로 항명의 행위가 저질러진다는 점에서 제44조의 항명죄와 구별된다.

나. 구성요건

1) 주체

주체는 군형법 피적용자로서 집단을 이루어야 한다. '집단'은 다중과 구별되는 다수인이 공동의사 아래 어느 정도 조직적으로 모인 것을 말한다. 집단의 구성원 중에는 순정상관과 명령복종관계가 없는 자와 군형법 피적용자가 아닌 자가 포함될 수 있다. 그러나 군형법의 피적용자가 아닌 사람만으로는 집단항명죄의 주체가 될 수 없다.

2) 객체 및 행위

군형법 제44조와 동일하다.

다. 처벌

적전인 경우에는 수괴는 사형, 그 밖의 사람은 사형 또는 무기징역에 처한다.

전시, 사변 시 또는 계엄지역인 경우에는 수괴는 무기 또는 7년 이상의 징역에 처하고 그 밖의 사람은 1년 이상의 유기징역에 처한다. 그 밖의 경우에는 수괴는 3년 이상의 유기징역에 처하고, 그 밖의 사람은 7년 이하의 징역에 처한다.

4. 상관제지불복종죄

제46조(상관의 제지 불복종)
폭행을 하는 사람이 상관의 제지에 복종하지 아니한 경우에는 3년 이하의 징역에 처한다.

가. 의의

상관제지불복종죄는 폭행을 하는 자가 상관의 제지에 복종하지 않는 것을 구성요건으로 한다. 이 죄의 입법취지는 군에서 자주 발생하는 인명, 재산에 대한 폭력행위를 상관으로 하여금 실효성 있게 제지, 진압하게 함으로써 군의 질서를 유지하려는 것이다.

이 죄를 별도로 규정한 이유는 항명죄에 포섭되지 않는 개별사안에서 형사처벌의 공백을 메우기 위함이다. 가령, 준상관이 제지명령을 내릴 경우 준상관은 항명죄에서의 상관이 아니고, 항명죄의 객체인 상관의 직무상 명령에 속하지 않기에 이러한 명령에 불복하더라도 항명죄가 성립하지 않으나 상관제지불복종죄로는 형사처벌이 가능하다.

나. 구성요건

1) 주체

주체는 군형법 피적용자로서 폭행을 하는 자이다. 즉, 폭행 이외의 다른 범죄를 범하는 자는 이 죄를 구성하지 않는다.

'폭행'이란 가장 넓은 의미의 것으로 물리력 행사의 모든 경우를 의미한다. 군형법상의 상관폭행죄, 초병폭행죄, 특수소요죄, 형법상의 폭행죄, 소요죄, 공무집행방해죄, 상해죄, 강도죄, 강간죄 등 어떠한 경우든지 폭행을 하는 자이면 이 죄의 주체가 된다. 폭행을 하는 자의 인원수에는 제한이 없으며, 폭행중이거나 폭행 직전의 상태이거나를 불문한다.

2) 객체

객체는 상관의 제지이다. '상관'은 순정상관 및 준상관을 포함한다. 또한 상관의 제지는 반드시 행동에 의할 필요는 없고, 제지명령만으로 족하다. 제지는 적극적이고 구체적이어야 하며, 그 방법이 사회상규에 반하지 않아야 한다.

3) 행위

행위는 상관의 제지에 복종하지 아니하는 것이다. '상관의 제지'는 명시적인 제지행위에 한하고, 묵시적으로 폭행중지를 희망하는 정도에 그치는 경우는 포함되지 않는다고 본다. '복종하지 아니한다'는 것은 반항하는 것도 포함한다.

다. 처벌

3년 이하의 징역에 처한다.

5. 명령위반죄

> 제47조(명령 위반)
> 정당한 명령 또는 규칙을 준수할 의무가 있는 사람이 이를 위반하거나 준수하지 아니한 경우에는 2년 이하의 징역이나 금고에 처한다.

가. 의의

명령위반죄는 정당한 명령 또는 규칙을 준수할 의무가 있는 자가 이를 위반하거나 준수하지 않은 경우에 성립한다. 위 조항은 군대사회 내부에서 일반적 규범으로서의 효력을 갖고 있는 명령 또는 규칙을 위반하거나 준수하지 아니하는 행위를 처벌하도록 규정하고 있다.

나. 구별개념 : 항명죄

군형법 제44조 항명죄와 제47조 명령위반죄는 군의 질서의 유지라는 공통된 보호법익을 가지고 있으나 1.군형법 제44조 항명죄는 '상관의 (개별적·구체적인) 정당한 명령에 반항하거나 복종하지 아니함으로 인하여 상관의 정당한 명령권을 침해하는 행위'을 처벌하나 군형법 제47조 명령위반죄는 '(일반적·추상적인) 정당한 명령 또는 규칙을 준수할 의무가 있는 사람이 이를 위반하거나 준수하지 아니한 경우' 처벌한다는 데 그 차이점이 있다. 그리고 군형법 제44조 항명죄와 제47조 명령위반죄는 적법하지 않은 명령이나 규칙, 즉 형식상 하자가 있는 명령이나 규칙에 대해서는 복종할 필요가 없다.

그러나 위에서 언급하였듯이 2.항명죄에서 정당한 명령은 '적법한 명령'을 의미하기에 상관의 명령이 위법한 경우에는 복종할 필요가 없으나 그 명령의 내용이 적법한 이상 그 내용이 실질적으로 정당하든 부당하든 이를 불문하고 부하로서는 그 명령에 복종을 하여야 하고 이를 위반시 항명죄로 처벌을 받으나, 명령위반죄에서는 위법한 명령뿐만 아니라 부당한 명령에 대한 불복은 명령위반죄로 처벌되지 아니한다.

결국 항명죄의 정당한 명령은 적법한 명령으로 해석되는 것이나 명령위반죄의 정당한 명령 또는 규칙은 문언 그대로 해석되는 것이다.

구 분	제 44조 항명죄 상관의 정당한 명령 (개별적 · 구체적)	제 47조 명령위반죄 정당한 명령 또는 규칙 (일반적 · 추상적)
위법한 명령에 불복종	항명죄 성립하지 않음	명령위반죄가 성립하지 않음
부당한 명령에 불복종	항명죄 성립	명령위반죄가 성립하지 않음
정당한 명령에 불복종	항명죄 성립	명령위반죄가 성립

다. 구성요건

1) 주체

주체는 군형법 피적용자이다.

2) 객체

정당한 명령 또는 규칙. 여기서 '정당한 명령 또는 규칙'이란 행정권에 의하여 정립된 일반적, 추상적 규범을 의미한다.

대법원 역시 군형법 제47조에 정하는 '정당한 명령'이라 함은 죄형법정주의와 군통수권의 특수성에 비추어 통수권을 담당하는 기관이 입법기관인 국회가 위 군형법 제47조로 위임한 것으로 해석되는 통수작용상 중요하고도 구체성 있는 특정의 사항에 관하여 발하는 본질적으로는 입법사항인 형벌의 실질적 내용에 해당하는 사항에 관한 명령을 뜻하여 군인의 일상생활의 준칙을 정하는 사항 등은 이에 해당하지 아니한다고 판시한 바 있다.

◉D.M.Z지대의 혹한기 동계근무 계획에 따른 G.P 초소간의 야간경계근무에 관한 군 내규의 규정과 D.M.Z 운영내규에 G.P 소대장 및 선임하사관은 야간순찰근무를 수행하여야 한다는 규정은 모두 군의 통수작전상 필요한 중요하고도 구체성 있는 특정사항에 관하여 발하여진 것이므로 군형법 제47조에서 말하는 정당한 명령이라 할 것이다. (대법원 1979.11.13. 선고 79도2270 판결)

◎사실관계 및 판단 : 1978.11.30 소속 대대장 중령 신○○로부터 혹한기 동계경계근무계획에 의거 동 지.피 소대의 야간경계근무를 밀어내기 식으로 수행하라는 명령을 받고도 1979.2. 초순경부터 같은 해 3.4까지 맞교대식으로 변경함으로써 정당한 명령을 위반한 것.

소대의 인원과 업무와 관련하여 소위 밀어내기식으로 초소근무를 하는 것이 불합리한 점이 있다 하여도 이를 명령권자에 상신하여 다른 조치를 기다려서 그에 좇아서 시행할 것이지 소대장인 피고인 임의로 맞교대식으로 근무태세를 변경하였음은 위 명령위반이라 볼 것이다.

3) 행위 및 결과

정당한 명령 또는 규칙을 위반하거나 준수하지 아니하는 것이다. 여기서 '위반한다'란 적극적으로 명령에 위배되는 행위를 하는 것이고, '준수하지 아니한다'란 소극적으로 명령·규칙의 내용을 실천하지 아니하는 것을 말한다.

4) 고의

본죄는 고의범이므로 수범자는 행위시에 명령이나 규칙의 존재와 내용을 알고 있어야 한다.

라. 처벌

2년 이하의 징역이나 금고에 처한다.

제 4 절 군용물에 관한 죄

1. 서설

가. 의의

군형법 제11장은 군용물에 관한 죄라 하여 군용에 공하는 시설, 물건 등을 방화, 손괴, 파열시킴으로써 군의 질서를 침해하거나 군용물을 결핍하게 하는 행위와 형법 제38장부터 제41장까지 규정되어 있는 재산에 관한 범죄를 범하여 군용물을 결핍시키는 행위를 범죄로 규정하고 있다.

군용물은 군의 물적 요소를 이루는 것이므로 그 보전 유지는 매우 중요한 것이므로 형법에 방화, 폭발물파열 및 재산범죄가 있음에도 불구하고 군형법에 특별히 군용물에 관한 장을 마련하여 그 형을 가중하고 있는 것이다.

나. 군용물에 관한 죄의 특징

1) 과실범을 인정하고 있으며, 예비·음모를 처벌한다. 이러한 특징은 모두 군의 물적 요소를 좀 더 강력히 보호하여 전투력을 강화하자는 취지에서 나타난 것이라고 할 수 있다.
2) 군인이 아닌 내외국인도 군용물에 관한 범죄의 주체가 될 수 있다(제1조 제4항 4, 5, 6, 12호).
3) 국군과 공동작전에 종사하고 있는 외국군의 군용시설이나 군용물에 대해서도 적용된다(제77조). 이것은 집단안전보장체제 하에서 외국군의 전투력 확보는 아군의 존립과 직결되기 때문이다.

다. 군용물의 개념

군용물에 관한 죄의 객체인 군용물은 일반적으로 '군의 용도에 供(공)하기 위하여 군에서 관리하고 있는 것으로서 군의 필요에 의하여 사용될 가능성이 있는 것' 이라고 정의 할 수 있다.

이는 군사시설, 군용에 공(供)하는 물건, 외국군의 군사시설 및 외국군의 군용에 공(供)하는 물건 등으로 유형화할 수 있다. '군사시설'은 군형법 제66조, 제68조, 제69조 등에서 '군의 공장, 함선, 항공기 또는 전투용으로 공하는 시설, 기차, 전차, 자동차, 교량'이라고 규정되어 있으나, 군의 시설 및 그 설비와 기능에 있어서 이들과 동등한 중요성을 갖는 물건을 통칭하는 것이라고 볼 수 있다.

'군용에 供(공)하는 물건'이란 군형법 제67조, 제68조, 제75조 등에서 '병기, 탄약, 차량, 장구(裝具), 기재(器材), 식량, 피복 또는 그 밖에 군용에 공하는 물건'이라고 규정되어 있으나 군사시설에 해당하지 않은 일체의 군용물을 포함하는 개념이라 볼 수 있다.

'군용물 등 범죄에 관한 특별조치법' 제2조 제2항에서는 군용물의 범위를 다음과 같이 별표로 규정을 하고 있다.

분류	세 목
화력	개인화기(火器), 공용화기, 화포, 함포, 수중병기, 함정병기 및 사격통제기기
특수무기	방공유도무기, 대공화기, 대전차유도무기, 지대지무기와 방공통제장비(지상 및 함상)
기동	전차, 장갑차, 토우차, 수륙양용장갑차, 사격통제차량, 트럭(지휘정찰, 작전연락, 장비가설, 병력 및 물자수송용), 견인차, 구난차, 통신가설차, 중장비 운반차, 군용으로 사용하기 위하여 특수 제작된 차량과 트레일러로서 군용의 표지가 있는 것
일반	발연기(發煙機), 화생방장비, 지뢰(地雷)제거장비, 도하(渡河)장비
통신전자	무선통신기, 전파기기, 다중통신장비, 항법장비, 레이더장비, 음향탐지장비, 전신기, 전자전장비, 전화기(야전용), 교환장치, 전화중 계장치, 반송장치, 중계대, 시험대, 원격조정장치 및 반송전화단말 장치
함정	함정, 소해(掃海)장비, 수뢰(水雷)장비, 항해광학장비, 수중공격 및 항만방어장비
항공	항공기, 직접지원 장비, 무장장착(武裝裝着)장비
군용식량	군용에 공하는 쌀, 보리, 콩 및 그 가공품과 부식물(副食物)
군복류	군복(내의를 포함한다) 및 군화
군용유류	군용으로 사용되는 휘발유, 경유, 항공유 및 등유

2. 군용시설 등에 대한 방화죄

제66조(군용시설 등에 대한 방화)
① 불을 놓아 군의 공장, 함선, 항공기 또는 전투용으로 공하는 시설, 기차, 전차, 자동차, 교량을 소훼(燒燬)한 사람은 사형, 무기 또는 10년 이상의 징역에 처한다.
② 불을 놓아 군용에 공하는 물건을 저장하는 창고를 소훼한 사람은 다음 각 호의 구분에 따라 처벌한다.
1. 군용에 공하는 물건이 현존하는 경우: 사형, 무기 또는 7년 이상의 징역
2. 군용에 공하는 물건이 현존하지 아니하는 경우: 무기 또는 5년 이상의 징역

가. 의의

군용시설 등에 대한 방화죄는 불을 놓아 군의 공장, 함선, 항공기 또는 전투용으로 공하는 시설, 기차, 전차, 자동차, 교량이나 군용에 공하는 물건을 저장하는 창고를 소훼하는 것을 내용으로 하는 죄이다.

형법상 방화죄와 실화죄는 공중의 생명·신체·재산 등에 대하여 위험을 주는 공공위험범으로서 공공의 안전을 주된 보호법익으로 하고 부차적으로 개인의 재산을 침해하는 손괴죄로서의 성격을 가지고 있으나 본 죄는 군용물이 지니고 있는 군의 물적 전쟁수행 능력으로서의 군사적 가치를 보호법익으로 하고 공공의 안녕질서나 군의 재산권의 보호는 부차적 보호법익으로 하고 있다. 즉 공공의 안녕질서보다는 군용물 자체의 군사적 가치와 효용에 대한 침해에 중점을 두고 있고 이와 같은 이유로 형법상 범죄보다 형을 가중하고 있다.

나. 구성요건

1) 주체

주체는 아무런 제한이 없다. 즉, 군인이 아닌 내외국인도 죄를 범할 수 있다.

2) 객체

객체는 군의 공장, 함선, 항공기 또는 전투용에 공하는 시설, 기차, 전차, 자동차, 교량 등이다. 군의 공장, 함선, 항공기는 군의 소유에 속하는 물건으로 군용 또는 전투용에 공하는지 여부를 불문한다. 민간인에게 임대해 준 것도 군의 소유에 속하는 이상 객체가 된다.

'전투용에 공하는 시설, 기차, 전차, 자동차, 교량'이란 현실적으로 전투에 쓰이고 있는 시설 등을 말하며, 전투행위에 직접적으로 사용되는 것에 국한되지 않고 그와 관련 있는 용도에 사용되는 것까지 포함되며 전투준비에 사용되는 물건도 전투용에 공하는 것으로 인정된다.

제2항의 객체는 군용에 공하는 물건을 저장하는 창고이다. 저장된 물건이 군용에 공하는 이상 창고가 군용에 공하는지 여부를 불문한다. 저장된 물건과 창고의 소유 관계도 불문한다. 물건이 저장된 원인을 묻지 않으며, 불법행위에 의하여 저장된 경우에도 객체가 된다.

3) 행위

행위는 불을 놓는 것, 즉 방화이다.

가) 방화의 의의

방화란 목적물을 소훼하기 위해 일부러 불을 놓는 일체의 행위를 의미한다. 이에는 수단과 방법에 제한이 없으며, 소화할 작위의무 있는 자의 경우에는 부작위에 의한 방화도 가능하다.

나) 방화죄의 실행의 착수시기

군용시설 등에 대한 방화죄의 실행의 착수 시기는 점화 또는 발화가 있을 것을 요한다. 판례 역시 피고인이 불을 아직 방화목적물 내지 그 도화물체에 점화하지 아니한 이상 방화의 착수로 논단하지 못한다고 판시한바 있다. 그리고 매개물을 이용하는 경우에는 범인이 목적물이 아닌 매개물에 불을 켜서 붙였거나 또는 범인의 행위로 인하여 목적물에 불이 붙지 아니하였으나 매개물에 불이 붙게 됨으로써 연소작용이 계속될 수 있는 상태에 이르렀다면 실행의 착수는 인정된다.

4) 결과

소훼하는 것이다.

가) 소훼의 의의

소훼란 일반적으로 화력에 의하여 목적물의 훼손 내지 손괴를 의미한다. 소훼는 군용시설 등에 대한 방화죄의 구성요건적 결과로서의 의미를 가지므로 소훼의 결과가 발생함으로써 본죄는 기수가 된다.

나) 군용시설 등에 대한 방화죄의 기수시기

방화죄의 기수시기에 대한 견해로는 첫째, 독립연소설(獨立燃燒設)로 화력이 매개물을 떠나 목적물에 독립하여 연소하는 상태에 이르렀을 때 소훼가 된다는 견해이고, 둘째, 효용상실설(效用喪失設)로 목적물이 화력으로 인하여 중요부분을 소실하여 본래의 효용을 상실하였을 때 소훼로 인정한다는 견해이다. 독립연소설이 판례의 태도이다. 즉 불이 매개물을 떠나 군용시설 등이 독자적으로 연소될 때에 군용시설 등에 대한 방화죄가 기수가 된다.

5) 주관적 구성요건

군용시설 등에 대한 방화한다는 인식과 의사가 있어야 한다.

다. 처벌

제1항인 경우 사형, 무기 또는 10년 이상의 징역에 처한다. 제2항에서는 군용에 공하는 물건이 현존하는 경우에는 사형, 무기 또는 7년 이상의 징역에 처하고, 현존하지 아니하는 경우에는 무기 또는 5년 이상의 징역에 처한다.

이 죄는 미수범도 처벌한다(제72조). 제73조 제1항은 과실로 인해 소훼의 결과가 나타난 경우 그 주의의무를 제대로 이행하지 아니한 자를 처벌하는 규정으로서 법정형은 5년 이하의 징역 또는 300만원 이하의 벌금으로 되어 있다.

제73조 제2항은 업무상 과실 및 중과실로 인한 실화에 관한 형벌규정이다. 업무상 과실로 인한 실화죄는 과실범에 비하여 형이 가중되는 신분적 가중범에 속한다. '업무'라 함은 통상 사람이 사회생활의 지위에 기하여 계속하여 행하는 노무를 말하나 이 죄의 성립에 필요한 업무는 특별히 불을 취급하는 것을 일상적인 업무로 하거나 화재의 위험성을 내포한 업무에 국한된다고 본다.

'중대한 과실'은 위반의 정도가 현저한 경우를 말하는 것으로 극히 근소한 주의를 기울이는 것만으로도 소훼의 결과를 방비할 수 있었던 경우를 말한다. 업무상 과실이거나 중대한 과실로 인정되는 경우에는 7년 이하의 징역 또는 500만원 이하의 벌금에 처하게 된다.

이 죄를 범할 목적으로 예비 · 음모한 자는 7년 이하의 징역이나 금고에 처한다. 단, 그 죄의 실행에 이르기 전에 자수한 때에는 그 형을 감경 또는 면제한다.

3. 군용시설 등 손괴죄

> 제69조(군용시설 등 손괴)
>
> 제66조에 규정된 물건 또는 군용에 공하는 철도, 전선 또는 그 밖의 시설이나 물건을 손괴하거나 그 밖의 방법으로 그 효용을 해한 사람은 무기 또는 2년 이상의 징역에 처한다.

가. 의의

군용시설등손괴죄는 화력이나 폭발물의 파열에 의한 방법 이외의 방법으로 군용시설 등을 손괴하는 행위를 벌하는 것으로 제66조에 규정된 물건 또는 군용에 공하는 시설이나 물건을 손괴하거나 기타 방법으로 그 효용을 해하는 것을 내용으로 한다. 구성요건중 이적의 목적을 요하지 않는다는 점에서 후술할 군용시설등파괴죄(제12조)와 차이가 있다.

나. 구성요건

1) 주체

주체는 제한이 없다. 즉, 비군인인 내외국인도 주체가 될 수 있다. 다만, 과실범의 경우와 예비·음모의 경우에는 비군인은 그 주체가 될 수 없다.

2) 객체

객체는 군의 공장, 함선, 항공기 또는 전투용에 공하는 시설, 기차, 전차, 자동차, 교량, 군용에 공하는 물건을 저장하는 창고 또는 군용에 공하는 철도, 전선 또는 그 밖의 시설이나 물건이다.

3) 행위

행위는 손괴하거나 기타의 방법으로 그 효용을 해하는 것이다. '손괴'라 함은 물리적으로 훼손, 파괴하는 것을 말한다. '기타의 방법으로 효용을 해하다'란 목적물 자체의 외형은 손상하지 않고 그 효용을 감소 또는 소멸시키는 등 사실상 사용을 불가능하게 하는 것을 말한다(예, 탄약을 침수시키는 행위, 군용차량의 타이어에 바람을 빼는 행위 등). 즉, 목적물에 유형력을 행사하여 물체의 완전성을 훼손하는 것과 무형적 효용을 훼손하는 것이 모두 해당한다. 단순과실, 업무상 과실 또는 중대한 과실로 군용물을 손괴한 경우에도 처벌을 받게 된다.

4) 주관적 구성요건

군용시설 등을 손괴한다는 인식과 의사가 있어야 한다.

다. 처벌

무기 또는 2년 이상의 징역에 처한다. 미수범, 과실범 및 예비·음모한 경우에도 모두 처벌한다.

4. 군용물분실죄

> 第74조(군용물 분실)
> 총포, 탄약, 폭발물, 차량, 장구, 기재, 식량, 피복 또는 그 밖에 군용에 공하는 물건을 보관할 책임이 있는 사람으로서 이를 분실한 사람은 5년 이하의 징역 또는 300만원 이하의 벌금에 처한다.

가. 의의

군용물분실죄는 총포, 탄약 등 군용물을 보관할 책임 있는 자가 이를 분실하는 경우에 성립하는 범죄이다. 이는 고의범이 아닌 과실범을 처벌하는 규정으로서 정상의 주의를 태만히 함으로써 군용물을 분실하는 행위를 처벌하도록 규정하고 있다. 고의로 군용물을 분실한 경우에는 경우에 따라서는 군용물손괴죄의 해당여부를 검토할 수 있다.

일반적으로는 물건의 보관책임자가 그 물건을 분실한 경우에는 민사상의 손해배상책임을 지는 데 그치나 군형법에서는 군의 전투력과 밀접한 관련이 있는 군용물을 보다 강력히 보호하려는 취지에서 군용물분실죄를 두어 위와 같은 행위에 대하여 형사책임을 묻고 있다.

나. 구성요건

1) 주체

총포 등 군용물분실죄의 목적물에 관하여 보관책임이 있는 군형법의 피적용자이다. '보관할 책임'이라 함은 보관에 대하여 법령상 책임이 있는 경우에 한하지 않고 관습 또는 조리상 책임이 있는 경우도 포함되며, 단순히 보관업무에 종사하는 자는 주체에 포함되지 않는다.

2) 객체

총포, 탄약, 폭발물, 차량, 장구, 기재, 식량, 피복 기타 군용에 공하는 물건이다. 결국 군용물분실죄의 객체는 군에서 사용하는 모든 물건에 포함하게 되고, 사실상 개인지급품인 의복 등 까지도 군용물분실죄의 범주에 해당하게 된다.

3) 행위

행위는 분실이다. '분실'이라 함은 물건을 소지·보관하는 자가 자신의 의사에 기하지 않고서 그 물건에 대한 소지를 상실하는 것을 말하므로, 주관적 구성요건으로서 과실을 요한다.

◉군형법 제74조 소정의 군용물분실죄라 함은 같은 조 소정의 군용에 공하는 물건을 보관할 책임이 있는 자가 선량한 보관자로서의 주의의무를 게을리 하여 그의 '의사에 의하지 아니하고 물건의 소지를 상실'하는 소위 과실범을 말한다 할 것이므로, 군용물분실죄에서의 분실은 행위자의 의사에 의하지 아니하고 물건의 소지를 상실한 것을 의미한다고 할 것이며, 이 점에서 하자가 있기는 하지만 행위자의 의사에 기해 재산적 처분행위를 하여 재물의 점유를 상실함으로써 편취당한 것과는 구별된다고 할 것이고, 분실의 개념을 군용물의 소지 상실시 행위자의 의사가 개입되었는지의 여부에 관계없이 군용물의 보관책임이 있는 자가 결과적으로 군용물의 소지를 상실하는 모든 경우로 확장해석하거나 유추해석할 수는 없다. 피고인의 의사에 의한 재산적 처분행위에 의하여 상대방이 재물의 점유를 취득함으로써 피고인이 군용물의 소지를 상실한 이상 그 후 편취자가 군용물을 돌려주지 않고 가버린 결과가 피고인의 의사에 반한다고 하더라도 처분행위 자체는 피고인의 하자 있는 의사에 기한 것이므로 편취당한 것이 군용물분실죄에서의 의사에 의하지 않은 소지의 상실이라고 볼 수 없다. (대법원 1999.07.09. 선고 98도1719)

◎사실관계 및 판단 : 해안초소 야간 상황병 甲은 "군단에서 온 백소령"이라고 사칭하며 갑자기 상황실에 들어온 乙이 상황실 총기대에 거치되어 있던 총기를 어깨에 메면서 "해안 순찰을 가야하는데 여기는 간첩도 오고 위험하니 실탄을 좀 달라"라고 하자 乙의 소속이나 직책을 확인하지 아니한 채 탄약고 열쇠를 이용하여 보관하고 있던 탄약을 건네어 주었다.
하자 있는 '의사에 의하여' 편취 당함으로써 군용물에 대한 소지를 상실한 경우에 대해서 '의사에 의하지 아니하고' 군용물에 대한 소지를 상실한 경우에 적용되는 군용물분실죄의 규정을 적용하는 것은 불리한 유추해석이므로 허용될 수 없다는 판례이다.

다. 처벌

5년 이하의 징역 또는 300만원 이하의 벌금에 처한다.

5. 군용물 범죄에 관한 형의 가중

제75조(군용물 등 범죄에 대한 형의 가중)
① 총포, 탄약, 폭발물, 차량, 장구, 기재, 식량, 피복 또는 그 밖에 군용에 공하는 물건 또는 군의 재산상 이익에 관하여 「형법」 제2편제38장부터 제41장까지의 죄를 범한 경우에는 다음 각 호의 구분에 따라 처벌한다.
1. 총포, 탄약 또는 폭발물의 경우: 사형, 무기 또는 5년 이상의 징역
2. 그 밖의 경우: 사형, 무기 또는 1년 이상의 징역
② 제1항의 경우에는 「형법」에 정한 형과 비교하여 중한 형으로 처벌한다.
③ 제1항의 죄에 대하여는 3천만원 이하의 벌금을 병과(倂科)할 수 있다.

가. 의의

군형법 제75조는 총포, 탄약, 폭발물, 차량, 장구, 기재, 식량, 피복 또는 그 밖에 군용에 공하는 물건 또는 군의 재산상 이익에 관하여 형법 제2편 제38장(절도와 강도의 죄), 제39장(사기와 공갈의 죄) 제40장(횡령과 배임의 죄) 제41장(장물에 관한 죄)를 범한 경우에 형법상의 법정형보다 가중하여 처벌할 것을 정한 규정이다.

나. 구성요건

1) 주체

주체는 원칙적으로 군형법 피적용자이나, 예외적으로 군형법 제75조 제1항 제1호(객체가 총포, 탄약 또는 폭발물인 경우)의 경우에는 민간인도 주체가 된다.

2) 객체

객체는 총포, 탄약, 폭발물, 차량, 장구, 기재, 식량, 피복 또는 그 밖에 군용에 공하는 물건 또는 군의 재산상 이익이다.

3) 행위

행위는 형법 제2편 제38장(절도와 강도의 죄), 제39장(사기와 공갈의 죄), 제40장 (횡령과 배임의 죄), 제41장(장물에 관한 죄)에 규정되어 있는 바와 같다.

다. 처벌

형법은 절도, 강도, 사기, 공갈, 배임, 횡령, 점유이탈물횡령, 장물취득 등 각 행위에 따라 법정형을 각기 다르게 규정하고 있으나, 군형법 제75조에서는 법정형이 객체에 따라 일률적으로 정해져 있다.

객체가 총포, 탄약, 폭발물인 경우에는 사형, 무기 또는 5년 이상의 징역에 처하고, 기타의 경우에는 사형, 무기 또는 1년 이상의 징역에 처하며, 이 두 가지 경우 모두 3천만원 이하의 벌금을 병과할 수 있다. 또한 객체에 관계없이 위 형과 형법에 정한 형을 비교하여 중한 형으로 처벌한다.

◉피고인은 소속대 사병식당의 취사반장으로서 사병급식용 부식을 관리하는 직책을 맡고 있었으므로 국가 소유인 사병급식용 고기를 처분한 행위는 횡령죄를 구성한다. (대법원 1982.03.23. 선고 81도2455)

◎판단 : 횡령죄는 자기가 보관하는 타인의 재물이나 점유이탈물을 불법하게 영득하거나 타인으로 하여금 영득하게 함으로써 성립하는 범죄이다. 피고인은 소속대 사병식당의 취사반장으로서 사병급식용 부식을 수령 관리하는 직책을 맡고 있었으므로, 국가소유인 사병 급식용 이 사건 고기를 사실상 지배하여 이를 보관하고 있었다고 볼 것이니, 피고인의 이 사건 사병 급식용 고기의 처분행위를 횡령죄로 처벌하는 것은 옳다.

제 5 절 폭행 · 협박 · 상해 · 살인의 죄

1. 서설

군형법 각칙 제9장은 폭행, 협박, 상해 및 살인의 죄라 하여 상관, 초병, 직무수행자에 대한 폭행 · 협박 · 상해 · 살인행위 등을 처벌하는 한편 그 밖의 특수소요, 가혹행위에 대한 처벌조항을 규정하고 있다.

군형법에서는 상관, 초병, 직무수행자가 군에 있어 직무상 특수성을 갖고 있음을 고려하여 형법상의 규정에 비하여 가중처벌하는 규정을 둔 것이다.

2. 상관에 대한 죄

가. 의의

군형법 제48조부터 제53조까지는 상관에 대한 죄로서 상관폭행 · 협박죄, 상관집단폭행 · 협박죄, 상관특수폭행 · 협박죄, 상관폭행치사상죄, 상관상해죄, 상관집단상해죄, 상관특수상해죄, 상관중상해죄, 상관상해치사죄, 상관살해죄 및 그 예비 · 음모죄를 규정하고 있다.

주체는 모두 군형법 피적용이며, 객체는 상관으로서 순정상관 및 준상관을 모두 포함한다. 상관이기만 하면 당시 직무수행 중일 것을 요하지 않고 제복을 착용하였는지 여부도 불문한다. 그러나 행위자가 행위 당시에 상대방이 상관임을 인식할 것이 요구된다.

나. 상관폭행 · 협박죄

제48조(상관에 대한 폭행, 협박)
상관을 폭행하거나 협박한 사람은 다음 각 호의 구분에 따라 처벌한다. 1. 적전인 경우: 1년 이상 10년 이하의 징역 2. 그 밖의 경우: 5년 이하의 징역

1) 상관폭행 · 협박죄에서 상관은 명령복종 관계가 없는 경우의 상위 계급자와 상위 서열자도 포함된다.

◉군형법 제48조, 제52조의2에서 규정한 상관에 대한 폭행 · 협박 · 상해의 죄와 제64조 제1항에서 규정한 상관모욕죄는 모두 상관의 신체, 명예 등의 개인적 법익뿐만 아니라 군 조직의 위계질서 및 통수체계 유지도 보호법익으로 하는 점 등에 비추어 보면, 이들 죄에서의 상관에는 명령복종 관계가 없는 경우의 상위 계급자와 상위 서열자도 포함되고, 상관이 반드시 직무수행 중일 것을 요하지 아니한다. (대법원 2015. 9. 24. 선고 2015도11286)

2) 상관폭행 · 협박죄는 상관에 대하여 폭행 또는 협박을 하는 것이다.

폭행만 하였으면 상관폭행죄, 협박만 하였으면 상관협박죄가 성립한다. 다만, 폭행과 협박이 같은 시간 같은 장소에서 동일한 피해자에게 가해진 경우에는 상관협박죄는 불가벌적 수반행위로서 상관폭행죄에 흡수된다. 판례 역시 동일하다.

◉피고인 甲은 1983. 6. 18. 18:00 경 소속대 소연병장에서 저녁 식사 집합을 하였을 때 식사 인솔을 히여야 할 주번하사 乙이 보이지 않자 "주번하사 어디갔어, 이 새끼" 하며 욕을 하다가 "하사가 니 친구냐"하면서 대드는 같은 소속대 하사 丙의 멱살을 잡고 흔들면서 피고인 甲이 "이 새끼 나이도 어린게 까분다"고 폭언한 사실을 인정할 수 있다. 그렇다면 피고인 甲이 원심 판시 사실 기재와 같이 피해자 하사 丙의 멱살을 잡고 폭언 한 그 자체는 폭행하던 그 순간에 나타난 폭언으로서 이는 위 상관을 폭행한 일련행위의 일부이며 상관 폭행행위에 포함 흡수되어 범죄를 구성하지 아니한다. (육군고등군법회의 1984.2.16.선고83고군형항350)

3) 형법에서 폭행 · 협박죄는 반의사불벌죄로 규정되어 있으나 위 규정이 군형법에 준용되는지 견해의 대립이 있다. 군형법은 형법에 대한 특별법이므로 군형법의 조문이 적용되는 한 형법상 반의사불벌죄에 관한 규정을 그대로 적용할 수 없다고 본다. 즉 군의 위계질서를 보호하고자 하는 대상관범죄의 특수성을 고려할 때 상관폭행 · 협박죄는 반의사불벌죄가 아니라고 보아야 할 것이다.

◉상관특수폭행치상죄(군형법 제52조 제2항2호, 제50조, 제48조)를 다스림에 있어서는 피차간에 명령복종관계는 없을지언정 동일 계급의 상서열자는 상관으로 보아서 처리하는 것이 상당하다. (대법원 1976.02.10. 선고 75도3608)

◎사실관계 및 판단 : 군형법 제2조 제1호 후문, 군인사법 제4조, 같은 법 시행령 제2조 제1항 제2호의 규정에 의하면 명령복종관계가 없는 자들 사이에는 동일계급에 있어서는 그 계급에 진급된 일자순으로 하여 상서열자를 정하고 이러한 상서열자는 상관에 준하는 것으로 보게끔 되어 있다. 피고인 甲은 1975.2.22에 하사에 진급되고 피해자인 乙은 이보다 앞선 1973.9.15에 하사로 진급되었으니 피해자 乙은 피고인 甲의 상관에 준하는 것으로 되는 것이요 상관특수폭행치상죄(군형법 제52조 제2항 제2호, 제50조, 제48조)를 다스림에 있어서는 피차간에 명령복종관계는 없을지언정 동일계급의 상서열자는 상관으로 보아서 처리하는 것이 상당하다.

다. 상관집단폭행 · 협박죄

제49조(상관에 대한 집단 폭행, 협박 등)

① 집단을 이루어 제48조의 죄를 범한 사람은 다음 각 호의 구분에 따라 처벌한다.

1. 적전인 경우: 수괴는 무기 또는 10년 이상의 징역, 그 밖의 사람은 3년 이상의 유기징역
2. 그 밖의 경우: 수괴는 무기 또는 5년 이상의 징역, 그 밖의 사람은 1년 이상의 유기징역

② 집단을 이루지 아니하고 2명 이상이 공동하여 제48조의 죄를 범한 경우에는 제48조에서 정한 형의 2분의 1까지 가중한다.

상관집단폭행 · 협박죄는 상관에 대하여 집단을 이루거나 또는 집단을 이루지 아니하였다고 하더라도 2인 이상이 공동하여 폭행 또는 협박을 하는 것이다.

제1항의 집단을 이룬 것으로 인정받기 위해서는 공동목적으로 결합되어 있는 다수인의 집합체가 상하관계의 조직을 이루고 수괴와 기타 임무수행자 등 일정한 역할분담이 갖추어져야 한다. 공동목적은 반드시 위법한 목적일 필요도 없

고 집단의 구성원의 수에도 제한이 없으나, 그 수가 다중의 위력을 보일 수 있는 정도의 다수일 것을 요한다.

제2항의 2명 이상이 공동한다는 것은 수인이 동일 장소에서 동일 기회에 상호 다른 사람의 범행을 인식하고 이를 이용하는 것을 의미한다.

라. 상관특수폭행 · 협박죄

제50조(상관에 대한 특수 폭행, 협박)
흉기나 그 밖의 위험한 물건을 휴대하고 제48조의 죄를 범한 사람은 다음 각 호의 구분에 따라 처벌한다.
1. 적전인 경우: 사형, 무기 또는 5년 이상의 징역
2. 그 밖의 경우: 무기 또는 2년 이상의 징역

상관특수폭행 · 협박죄는 상관에 대하여 흉기 그 밖의 위험한 물건을 휴대하고 폭행 또는 협박을 하는 것이다. '흉기'는 사람의 생명, 신체에 위해를 가할 수 있는 기구를, '위험한 물건'은 객관적 성질 또는 사용방법에 따라서는 사람을 살상할 수 있는 물건을, '휴대'란 몸에 소지하고 있음은 물론 이를 널리 이용하는 것을 각각 의미한다.

마. 상관폭행치사상죄

제52조(상관에 대한 폭행치사상)
① 제48조부터 제50조까지의 죄를 범하여 상관을 사망에 이르게 한 사람은 다음 각 호의 구분에 따라 처벌한다.
1. 적전인 경우: 사형, 무기 또는 10년 이상의 징역
2. 전시, 사변 시 또는 계엄지역인 경우: 사형, 무기 또는 5년 이상의 징역
3. 그 밖의 경우: 무기 또는 5년 이상의 징역

② 제48조 또는 제49조의 죄를 범하여 상관을 상해에 이르게 한 사람(제49조 제1항 각 호의 죄를 범한 사람 중 수괴는 제외한다)은 다음 각 호의 구분에 따라 처벌한다.
1. 적전인 경우: 무기 또는 3년 이상의 징역
2. 그 밖의 경우: 1년 이상의 유기징역

제1항의 죄는 상관에 대하여 군형법 제48조부터 제50조까지의 폭행죄를 범하여 상관을 사망에 이르게 한 것이며, 결과적 가중범으로서 사망에 대한 고의 없이 폭행행위를 하였는데 결과적으로 상관이 사망하는 경우에 성립한다.

제2항의 죄는 상관에 대하여 군형법 제48조부터 제49조까지의 폭행죄를 범하여 상관을 상해에 이르게 한 것이며, 이때 군형법 제49조 제1항 각 호의 죄(상관에 대한 집단 폭행, 협박)를 범한 사람 중 수괴는 적용대상에서 제외된다. 이 죄도 결과적 가중범으로서 상해에 대한 고의 없이 폭행행위를 하였는데 결과적으로 상관이 상해를 입은 경우에 성립한다.

바. 상관상해죄

제52조의2(상관에 대한 상해)
상관의 신체를 상해한 사람은 다음 각 호의 구분에 따라 처벌한다.
1. 적전인 경우: 무기 또는 3년 이상의 징역
2. 그 밖의 경우: 1년 이상의 유기징역

상관상해죄는 상관의 신체를 상해한 것이다. '상관'이라는 점에 대한 인식이 필요하고, 상관이라는 인식은 확정적일 필요가 없고, 행위 당시에 인식이 가능하였으면 족하다. 군형법 제63조에 의하여 이죄의 미수범도 처벌한다.

사. 상관집단상해죄

제52조의3(상관에 대한 집단상해 등)

① 집단을 이루어 제52조의2의 죄를 범한 사람은 다음 각 호의 구분에 따라 처벌한다.

1. 적전인 경우: 수괴는 무기 또는 10년 이상의 징역, 그 밖의 사람은 무기 또는 5년 이상의 징역
2. 그 밖의 경우: 수괴는 무기 또는 7년 이상의 징역, 그 밖의 사람은 3년 이상의 유기징역

② 집단을 이루지 아니하고 2명 이상이 공동하여 제52조의2의 죄를 범한 경우에는 제52조의2에서 정한 형의 2분의 1까지 가중한다.

상관집단상해죄는 집단을 이루거나 또는 집단을 이루지 아니하였다고 하더라도 2인 이상이 공동하여 상관의 신체를 상해하는 것이다. 집단이나 공동의 의미는 상관집단폭행 · 협박죄(제49조)와 같다.

아. 상관특수상해죄

제52조의4(상관에 대한 특수상해)

흉기나 그 밖의 위험한 물건을 휴대하고 제52조의2의 죄를 범한 사람은 다음 각 호의 구분에 따라 처벌한다.

1. 적전인 경우: 사형, 무기 또는 10년 이상의 징역
2. 그 밖의 경우: 무기 또는 3년 이상의 징역

상관특수상해죄는 흉기 그 밖의 위험한 물건을 휴대하고 상관의 신체를 상해하는 것이다. 흉기, 위험한 물건, 휴대의 의미는 상관특수폭행 · 협박죄(제50조)와 같으며, 이 죄의 미수범도 군형법 제63조에 의하여 처벌한다.

자. 상관중상해죄

제52조의5(상관에 대한 중상해)
제52조제2항 및 제52조의2부터 제52조의4까지의 죄를 범하여 상관의 생명에 위험을 발생하게하거나 불구 또는 불치나 난치의 질병에 이르게 한 사람은 다음 각 호의 구분에 따라 처벌한다.
1. 적전인 경우: 사형, 무기 또는 10년 이상의 징역
2. 전시, 사변 시 또는 계엄지역인 경우: 사형, 무기 또는 3년 이상의 징역. 다만, 제52조의3 제1항 제2호의 죄를 범한 사람 중 수괴는 사형, 무기 또는 7년 이상의 징역에 처한다.
3. 그 밖의 경우(제52조의3 제1항 제2호의 죄를 범한 사람 중 수괴는 제외한다): 무기 또는 3년 이상의 징역

상관중상해죄는 상관폭행치상죄 또는 상관상해죄를 범하여 상관의 생명에 대한 위험을 발생하게 하거나 불구 또는 난치나 난치의 질병에 이르게 하는 것이다. 상해의 정도가 중한 만큼 결과반가치가 크다고 보아 제52조의2에 나온 법정형보다 형을 가중한 것이다. '생명에 대한 위험을 발생하게 한 때'란 상관에게 상해를 가하여 사망의 결과까지는 아니지만 생명에 대한 위험을 야기한 경우를 가리키며, '불구'란 상해로 인하여 신체의 영구적 또는 현저한 기형상태가 되는 것을 말하고, '불치의 질병에 이르게 한 것'은 상해에 기인한 폐질(廢疾)을 뜻한다. '난치의 질별에 이르게 한 것'이란 그 질병이 불치의 정도까지는 이르지 아니하나 장기간의 치료를 요하고 완치를 예측할 수 없는 경우를 의미한다.

처벌은 적전인 경우 사형, 무기 또는 10년 이상의 징역, 전시 · 사변 시 또는 계엄지역인 경우 사형, 무기 또는 3년 이상의 징역, 다만, 제52조의3 제1항 제2호의 죄를 범한 사람 중 수괴는 사형, 무기 또는 7년 이상의 징역, 그 밖의 경우(제52조의3 제1항 제2호의 죄를 범한 사람 중 수괴는 제외한다)무기 또는 3년 이상의 징역에 처한다.

차. 상관상해치사죄

제52조의6(상관에 대한 상해치사)
제52조의2부터 제52조의5까지의 죄를 범하여 상관을 사망에 이르게 한 사람은 다음 각 호의 구분에 따라 처벌한다.
1. 적전인 경우: 사형, 무기 또는 10년 이상의 징역
2. 전시, 사변 시 또는 계엄지역인 경우: 사형, 무기 또는 5년 이상의 징역
3. 그 밖의 경우(제52조의3제1항제2호의 죄를 범한 사람 중 수괴는 제외한다): 무기 또는 5년 이상의 징역

상관상해치사죄는 상관상해죄를 범하여 상관을 사망에 이르게 하는 것이다. 결과적 가중범으로서 사망에 대한 고의 없이 상해를 가하는 행위를 하였는데 결과적으로 상관이 사망하는 경우에 성립한다.

카. 상관살해 및 예비 · 음모죄

제53조(상관 살해와 예비, 음모)
① 상관을 살해한 사람은 사형 또는 무기징역에 처한다.
② 제1항의 죄를 범할 목적으로 예비 또는 음모를 한 사람은 1년 이상의 유기징역에 처한다.

제1항의 죄는 상관을 살해하는 것이며, 처벌은 사형 또는 무기징역에 처한다. 군형법 제63조에 의하여 미수범도 처벌된다.

제2항은 상관을 살해할 목적으로 예비, 음모하는 것이다. '예비'란 범죄를 범할 의사로써 이를 실현하기 위한 준비행위로서 실행의 착수에 이르지 않은 것을 말한다. '음모'란 2인 이상의 자가 상호 범죄의사를 교환함으로써 성립하는 범죄의 합의를 말하며 이는 일정한 예비, 음모행위가 존재하였던 이상 이를 포기, 중지하여도 적용된다. 또 예비 · 음모가 발전하여 미수 또는 기수에 이르게 되면, 예비 · 음모죄는 그 죄에 흡수된다.

3. 초병에 대한 죄

가. 의의

군형법 제54조부터 제59조까지는 초병에 관한 죄로서 초병폭행 · 협박죄, 초병집단폭행 · 협박죄, 초병특수폭행 · 협박죄, 초병집단특수폭행 · 협박죄, 초병폭행치사상죄, 초병중상해죄, 초병상해치사죄 및 초병살해와 그 예비 · 음모죄를 규정하고 있다.

초병에 관한 죄의 주체는 군인, 준군인에 국한시키지 않고 민간인도 포함하고 있다(군형법 제1조 제4항).

나. 초병폭행 · 협박죄

제54조(초병에 대한 폭행, 협박)
초병에게 폭행 또는 협박을 한 사람은 다음 각 호의 구분에 따라 처벌한다.
1. 적전인 경우: 7년 이하의 징역
2. 그 밖의 경우: 5년 이하의 징역

초병에 대하여 폭행 또는 협박하는 것이다. 처벌은 적전인 경우 7년 이하의 징역, 그 밖의 경우에는 5년 이하의 징역에 처한다.

◉초병폭행죄에 있어서 초병이라 함은 경계를 그 고유의 임무로 하여 수지, 수해 또는 수공에 배치된 자를 말하고, 경계근무에 임하고 있는 피해자가 그 경계근무를 소홀히 하고 있다는 것만으로는 초병으로서의 지위를 상실하였다고 할 것은 아니며, 초병폭행죄의 보호법익은 초병이 수행하고 있는 경계근무와 초병의 신체의 불가침성 내지 신체의 안전성을 그 보호법익으로 하고 있다 할 것이므로 경계근무에 임하고 있는 초병에 대하여 어떠한 명목으로도 폭행은 허용되지 않는다 할 것이므로 초병에 대하여 폭행을 하였다면 그 보호법익을 침해하였다고 하기에 충분하고, 초병폭행죄에 있어서 고의라 하면 초병 및 폭행에 대한 인식이 있으면 충분하다고 할 것이다. (고등군사법원 99.10.14. 선고 99노611 판결)

다. 초병집단폭행 · 협박죄

제55조(초병에 대한 집단 폭행, 협박 등)
① 집단을 이루어 제54조의 죄를 범한 사람은 다음 각 호의 구분에 따라 처벌한다.
1. 적전인 경우: 수괴는 5년 이상의 유기징역, 그 밖의 사람은 3년 이상의 유기징역
2. 그 밖의 경우: 수괴는 2년 이상의 유기징역, 그 밖의 사람은 1년 이상의 유기징역
② 집단을 이루지 아니하고 2명 이상이 공동하여 제54조의 죄를 범한 경우에는 제54조에서 정한 형의 2분의 1까지 가중한다.

초병집단폭행 · 협박죄는 초병에 대하여 집단을 이루거나 또는 집단은 이루지 아니하였다고 하더라도 2인 이상이 공동하여 폭행 또는 협박을 하는 것이다. 집단 및 공동의 의미는 상관집단폭행 · 협박죄에서 설명한 것과 같다.

라. 초병특수폭행 · 협박죄

제56조(초병에 대한 특수 폭행, 협박)
흉기나 그 밖의 위험한 물건을 휴대하고 제54조의 죄를 범한 사람은 다음 각 호의 구분에 따라 처벌한다.
1. 적전인 경우: 사형, 무기 또는 3년 이상의 징역
2. 그 밖의 경우: 1년 이상의 유기징역

초병특수폭행 · 협박죄는 초병에 대하여 흉기나 그 밖의 위험한 물건을 휴대하고 폭행 또는 협박을 하는 것이다. 흉기, 위험한 물건 및 휴대의 의미에 관하여는 상관특수폭행 · 협박죄(제50조)에서 설명한 것과 같다.

마. 초병폭행치사상죄

제58조(초병에 대한 폭행치사상)

① 제54조부터 제56조까지의 죄를 범하여 초병을 사망에 이르게 한 사람은 다음 각 호의 구분 에 따라 처벌한다.

1. 적전인 경우: 사형, 무기 또는 5년 이상의 징역
2. 전시, 사변 시 또는 계엄지역인 경우: 제54조의 죄를 범한 사람은 사형, 무기 또는 3년 이 상의 징역, 제55조 또는 제56조의 죄를 범한 사람은 사형, 무기 또는 5년 이상의 징역
3. 그 밖의 경우: 제54조의 죄를 범한 사람은 무기 또는 3년 이상의 징역, 제55조 또는 제56조의 죄를 범한 사람은 무기 또는 5년 이상의 징역

② 제54조 또는 제55조의 죄를 범하여 초병을 상해에 이르게 한 사람은 다음 각 호의 구분에 따라 처벌한다.

1. 적전인 경우: 무기 또는 3년 이상의 징역. 다만, 제55조제1항제1호의 죄를 범한 사람 중 수괴는 무기 또는 5년 이상의 징역에 처한다.
2. 그 밖의 경우(제55조제1항제2호의 죄를 범한 사람 중 수괴는 제외한다): 1년 이상의 유기 징역

제1항의 죄는 초병에 대하여 제54조부터 제56조까지의 폭행죄를 범하여 초병을 사망에 이르게 한 것으로, 이죄는 결과적 가중범으로서 사망에 대한 고의 없이 폭력행위를 하였는데 결과적으로 초병이 사망하는 경우에 성립한다.

제2항이 죄는 초병에 대하여 제54조부터 제55조까지의 폭행죄를 범하여 초병을 상해에 이르게 한 것이다. 이 죄도 결과적 가중범으로서 상해에 대한 고의 없이 폭행행위를 하였는데 결과적으로 초병이 상해를 입은 경우에 성립한다.

바. 초병상해죄

> 제58조의2(초병에 대한 상해)
> 초병의 신체를 상해한 사람은 다음 각 호의 구분에 따라 처벌한다.
> 1. 적전인 경우: 무기 또는 3년 이상의 징역
> 2. 그 밖의 경우: 1년 이상의 유기징역

초병상해죄는 초병의 신체를 상해한 것이다. 이죄의 미수범은 처벌한다.

사. 초병에 대한 집단상해죄

> 제58조의3(초병에 대한 집단상해 등)
> ① 집단을 이루어 제58조의2의 죄를 범한 사람은 다음 각 호의 구분에 따라 처벌한다.
> 1. 적전인 경우: 수괴는 무기 또는 7년 이상의 징역, 그 밖의 사람은 무기 또는 5년 이상의 징역
> 2. 그 밖의 경우: 수괴는 5년 이상의 유기징역, 그 밖의 사람은 3년 이상의 유기징역
>
> ② 집단을 이루지 아니하고 2명 이상이 공동하여 제58조의2의 죄를 범한 경우에는 제58조의2에서 정한 형의 2분의 1까지 가중한다.

초병에 대한 집단상해죄는 집단을 이루거나 또는 집단을 이루지 아니하였다고 하더라도 2인 이상이 공동하여 초병의 신체를 상해하는 것이다. 이죄의 미수범은 군형법 제63조에 의하여 처벌한다. 집단 및 공동의 의미는 상관집단폭행·협박죄에서 살펴본 것과 같다.

아. 초병에 대한 특수상해죄

제58조의4(초병에 대한 특수상해)
흉기나 그 밖의 위험한 물건을 휴대하고 제58조의2의 죄를 범한 사람은 다음 각 호의 구분에 따라 처벌한다.
1. 적전인 경우: 사형, 무기 또는 5년 이상의 징역
2. 그 밖의 경우: 3년 이상의 유기징역

초병에 대한 특수상해죄는 흉기 그 밖의 위험한 물건을 휴대하고 초병의 신체를 상해하는 것이다. 군형법 제63조에 의하여 미수범도 처벌된다. 흉기, 위험한 물건, 휴대의 의미는 상관특수폭행·협박죄에서 살펴본 것과 같다.

자. 초병중상해죄

제58조의5(초병에 대한 중상해)
제58조제2항, 제58소의2 및 제58조의3제2항의 죄를 범하여 초병의 생명에 대한 위험을 발생하게 하거나 불구 또는 불치나 난치의 질병에 이르게 한 사람은 다음 각 호의 구분에 따라 처벌한다.
1. 적전인 경우: 무기 또는 5년 이상의 징역
2. 그 밖의 경우: 2년 이상의 유기징역

초병중상해죄는 초병폭행치상죄 또는 초병상해죄를 범하여 초병의 생명에 대한 위협을 발생하게 하거나 불구 또는 불치나 난치의 질병에 이르게 하는 것이다. 상해의 정도가 중한 만큼 결과불법이 크다고 보아 제58조의 2에 나온 법정형보다 형을 가중한 것이다. 중상해의 의미에 관하여는 상관중상해죄에서 살펴본 것과 같다.

차. 초병상해치사죄

제58조의6(초병에 대한 상해치사)
제58조의2부터 제58조의5까지의 죄를 범하여 초병을 사망에 이르게 한 사람은 다음 각 호의 구분에 따라 처벌한다.
1. 적전인 경우: 사형, 무기 또는 5년 이상의 징역
2. 전시, 사변 시 또는 계엄지역인 경우: 제58조의2의 죄를 범한 사람은 사형, 무기 또는 3년 이상의 징역, 제58조의3부터 제58조의5까지의 죄를 범한 사람은 사형, 무기 또는 5년 이상의 징역
3. 그 밖의 경우: 제58조의2의 죄를 범한 사람은 무기 또는 3년 이상의 징역, 제58조의3부터 제58조의5까지의 죄를 범한 사람은 무기 또는 5년 이상의 징역

초병상해치사죄는 초병상해죄 등을 범하여 초병을 사망에 이르게 하는 것이다. 이 죄 또한 결과적 가중범으로서 사망에 대한 고의 없이 상해를 가하는 행위를 하였는데 결과적으로 초병이 사망하는 경우에 성립한다.

카. 초병살해 및 예비·음모죄

제59조(초병살해와 예비, 음모)
① 초병을 살해한 사람은 사형 또는 무기징역에 처한다.
② 제1항의 죄를 범할 목적으로 예비 또는 음모를 한 사람은 1년 이상 10년 이하의 징역에 처한다.

제1항의 죄는 초병을 살해하는 것이다. 군형법 제63조에 의하여 미수범도 처벌한다. 제2항의 죄는 초병을 살해할 목적으로 예비 또는 음모하는 것이다.

4. 직무수행 중인 자에 대한 죄

가. 의의

군형법 제60조부터 제60조의 5까지는 상관 또는 초병 외에 직무수행 중인 사람에 대한 폭행, 협박, 상해 등의 행위를 범죄로 규정하고 있다. '직무수행자'라 함은 상관 또는 초병 외에 자신의 직무상 수권범위 내에 속하는 군의 임무를 수행하는 군인 또는 준군인을 말한다. 그러므로 이 죄는 개인의 신체적·법률적 안전을 보호하는 측면을 지닐 뿐만 아니라 군의 정상적인 임무수행까지도 그 보호법익으로 하고 있다.

나. 적법한 직무

이 죄에 있어서 직무는 적법한 것이어야 한다. 직무행위가 적법하기 위해서는 그 직무집행 행위가 당해 군인의 추상적·일반적 권한에 속해야 하고, 그 군인에게 그 행위를 할 수 있는 구체적인 권한이 존재해야 하며, 직무행위의 유효요건으로 정해진 법적인 형식을 구비해야 한다.

다. 직무수행자폭행·협박죄

> 제60조(직무수행 중인 군인등에 대한 폭행, 협박 등)
> ① 상관 또는 초병 외의 직무수행 중인 사람(군인 또는 제1조제3항 각 호의 어느 하나에 해당하는 사람에 한한다. 이하 "군인등"이라 한다)에게 폭행 또는 협박을 한 사람은 다음 각 호의 구분에 따라 처벌한다.
> 1. 적전인 경우: 7년 이하의 징역
> 2. 그 밖의 경우: 5년 이하의 징역 또는 1천만원 이하의 벌금

상관 또는 초병 외의 직무수행자(군인 또는 준군인에 한한다)에 대하여 폭행 또는 협박하는 것이다.

라. 직무수행자 집단 또는 특수폭행 · 협박죄

제60조(직무수행 중인 군인등에 대한 폭행, 협박 등)
② 집단을 이루거나 흉기나 그 밖의 위험한 물건을 휴대하고 제1항의 죄를 범한 사람은 다음 각호의 구분에 따라 처벌한다.
1. 적전인 경우: 3년 이상의 유기징역
2. 그 밖의 경우: 1년 이상의 유기징역

집단을 이루거나 또는 흉기, 그 밖의 물건을 휴대하고 상관 또는 초병 외의 직무수행자에 대하여 폭행 또는 협박하는 것이다. 집단, 흉기, 위험한 물건 및 휴대의 의미에 관하여는 상관에 대한 죄에서 살펴본 바와 같다.

마. 직무수행자공동폭행 · 협박죄

제60조(직무수행 중인 군인등에 대한 폭행, 협박 등)
③ 집단을 이루지 아니하고 2명 이상이 공동하여 제1항의 죄를 범한 경우에는 제1항에서 정한 형의 2분의 1까지 가중한다.

집단을 이루지 아니하고 2명 이상이 공동하여 상관 또는 초병 외의 직무수행자에 대하여 폭행 또는 협박하는 것이다. 공동의 의미는 상관에 대한 죄에서 살펴본 바와 같다.

바. 직무수행자폭행치사죄

제60조(직무수행 중인 군인등에 대한 폭행, 협박 등)
④ 제1항부터 제3항까지의 죄를 범하여 상관 또는 초병 외의 직무수행 중인 군인등을 사망에 이르게 한 사람은 다음 각 호의 구분에 따라 처벌한다.
1. 적전인 경우: 사형, 무기 또는 5년 이상의 징역
2. 전시, 사변 시 또는 계엄지역인 경우: 제1항의 죄를 범한 사람은 사형, 무기 또는 3년 이상의 징역, 제2항 또는 제3항의 죄를 범한 사람은 사형, 무기 또는 5년 이상의 징역
3. 그 밖의 경우: 제1항의 죄를 범한 사람은 무기 또는 3년 이상의 징역, 제2항 또는 제3항의 죄를 범한 사람은 무기 또는 5년 이상의 징역

상관 또는 초병 외의 직무수행자에 대하여 군형법 제60조 제1항부터 제3항까지의 폭행죄를 범하여 직무수행자를 사망에 이르게 한 것이다. 이 죄는 결과적 가중범으로서 사망에 대한 고의 없이 폭행행위를 하였는데 결과적으로 직무수행자가 사망하는 경우에 성립한다.

사. 직무수행자폭행치사상죄

제60조(직무수행 중인 군인등에 대한 폭행, 협박 등)
⑤ 제1항부터 제3항까지의 죄를 범하여 상관 또는 초병 외의 직무수행 중인 군인등을 상해에 이르게 한 사람은 다음 각 호의 구분에 따라 처벌한다.
1. 적전인 경우: 무기 또는 3년 이상의 징역
2. 그 밖의 경우: 1년 이상의 유기징역

상관 또는 초병 외의 직무수행자에 대하여 군법 제60조 제1항부터 제3항까지의 폭행죄를 범하여 직무수행자를 상해에 이르게 한 것이며, 이 죄도 결과적 가중범으로서 상해에 대한 고의 없이 폭행행위를 하였는데 결과적으로 직무수행자가 상해를 입은 경우에 성립한다.

◉소위가 군내부에서 부하인 방위병들의 훈련 중에 그들에게 군인정신을 환기시키기 위하여 한 일이라 하더라도 원심이 확정한 바와 같은 감금과 구타행위는 징계권 내지 훈계권의 범위를 넘어선 위법한 감금, 폭행행위가 된다. (대법원 1984.06.12. 선고 84도799)

아. 직무수행자상해죄

제60조의2(직무수행 중인 군인등에 대한 상해)
상관 또는 초병 외의 직무수행 중인 군인등의 신체를 상해한 사람은 다음 각 호의 구분에 따라 처벌한다.
1. 적전인 경우: 무기 또는 3년 이상의 징역
2. 그 밖의 경우: 1년 이상의 유기징역

상관 또는 초병 외의 직무수행자의 신체를 상해하는 것이다. 군형법 제63조에 의하여 미수범도 처벌한다.

자. 직무수행자집단 또는 특수 상해죄

제60조의3(직무수행 중인 군인등에 대한 집단상해 등)

① 집단을 이루거나 흉기나 그 밖의 위험한 물건을 휴대하고 제60조의2의 죄를 범한 사람은 다음 각 호의 구분에 따라 처벌한다.

1. 적전인 경우: 무기 또는 5년 이상의 징역
2. 그 밖의 경우: 3년 이상의 유기징역

② 집단을 이루지 아니하고 2명 이상이 공동하여 제60조의2의 죄를 범한 경우에는 제60조의2 에서 정한 형의 2분의 1까지 가중한다.

집단을 이루거나 흉기나 그 밖의 위험한 물건을 휴대하고, 또는 집단은 이루지 아니하였다고 하더라도 2인 이상이 공동하여 직무수행자의 신체를 상해하는 것이다.

차. 직무수행자중상해죄

제60조의4(직무수행 중인 군인등에 대한 중상해)

제60조제5항, 제60조의2 및 제60조의3제2항의 죄를 범하여 상관 또는 초병 외의 직무수행 중인 군인등의 생명에 대한 위험을 발생하게 하거나 불구 또는 불치나 난치의 질병에 이르게 한사람은 다음 각 호의 구분에 따라 처벌한다.

1. 적전인 경우: 무기 또는 5년 이상의 징역
2. 그 밖의 경우: 2년 이상의 유기징역

직무수행자폭행치상죄 또는 직무수행자상해죄 등을 범하여 초병의 생명에 대한 위험을 발생하게 하거나 불구 또는 불치나 난치의 질병에 이르게 하는 것이다. 상해의 정도가 중한 만큼 결과불법이 크다고 보아 제60조의 2에 나온 법정형보다 형을 가중한 것이다. 중상해의 의미에 관하여는 상관중상해죄에서 살펴본 바와 같다.

카. 직무수행자상해치사죄

제60조의5(직무수행 중인 군인 등에 대한 상해치사)

제60조의2부터 제60조의4까지의 죄를 범하여 상관 또는 초병 외의 직무수행 중인 군인등을 사망에 이르게 한 사람은 다음 각 호의 구분에 따라 처벌한다.

1. 적전인 경우: 사형, 무기 또는 5년 이상의 징역
2. 전시, 사변 시 또는 계엄지역인 경우: 제60조의2의 죄를 범한 사람은 사형, 무기 또는 3년이상의 징역, 제60조의3 또는 제60조의4의 죄를 범한 사람은 사형, 무기 또는 5년 이상의 징역
3. 그 밖의 경우: 제60조의2의 죄를 범한 사람은 무기 또는 3년 이상의 징역, 제60조의3 또는제60조의4의 죄를 범한 사람은 무기 또는 5년 이상의 징역

직무수행자상해죄 등을 범하여 직무수행자를 사망에 이르게 하는 것이다. 이 죄는 결과적 가중범으로서 사망에 대한 고의 없이 상해를 가하는 행위를 하였는데 결과적으로 직무수행자가 사망하는 경우에 성립한다.

타. 군인등에 대한 폭행죄, 협박죄 특례

제60조의6(군인등에 대한 폭행죄, 협박죄의 특례)

제60조의2부터 제60조의4까지의 죄를 범하여 상관 또는 초병 외의 직무수행 중인 군인등을 군인등이 다음 각 호의 어느 하나에 해당하는 장소에서 군인등을 폭행 또는 협박한 경우에는 「형법」 제260조제3항 및 제283조제3항을 적용하지 아니한다.

1. 「군사기지 및 군사시설 보호법」 제2조제1호의 군사기지
2. 「군사기지 및 군사시설 보호법」 제2조제2호의 군사시설
3. 「군사기지 및 군사시설 보호법」 제2조제5호의 군용항공기
4. 군용에 공하는 함선

(본조신설 2016. 5. 29)

현행 군형법은 상관, 초병 또는 직무수행 중인 군인 등을 폭행하거나 협박한 경우에 대해서는 처벌규정을 두고 있으나 그 밖에 군인 등을 폭행하거나 협박

한 경우에 대해서는 별도의 규정을 두고 있지 아니하여 형법에 따라 피해자가 처벌을 원하지 아니한 경우에는 처벌을 함이 불가능한 실정이다. 이에 군대 내 폭행과 협박을 근절하고 인권보장 등 건전한 병영문화를 조성하기 위하여 군사기지 및 군사시설 보호법 상 군사기지, 군사시설, 군용항공기와 군용에 공하는 함선 내에서 군인 등이 군인 등에 대하여 폭행·협박을 한 경우 피해자의 의사에 관계없이 처벌을 할 수 있도록 하려는 목적으로 본 규정을 신설하였다.

5. 특수소요죄

제61조(특수소요)

집단을 이루어 흉기나 그 밖의 위험한 물건을 휴대하고 폭행, 협박 또는 손괴의 행위를 한 사람은 다음 각 호의 구분에 따라 처벌한다.

1. 수괴: 3년 이상의 유기징역
2. 다른 사람을 지휘하거나, 세력을 확장 또는 유지하는 데 솔선한 사람: 1년 이상 10년 이하의 징역
3. 부화뇌동한 사람: 2년 이하의 징역

가. 의의

군형법 제61조는 특수소요죄라 하여 군인, 준군인이 집단을 이루어 흉기나 그 밖의 위험한 물건을 휴대하고 폭행, 협박, 손괴의 행위를 함으로써 군대사회의 안녕질서를 문란하게 하는 행위를 처벌하고 있다. 이 죄는 형법 제115조의 소요죄에 대한 특별죄로서 군대사회의 내부질서를 보호하기 위한 죄라는 점에서 국권 또는 국군의 존립의 안전을 침해하는 반란죄나 개인적 법익을 침해하는 살인, 상해, 폭행, 협박의 죄와 차이가 있다.

나. 구성요건

1) 주체

주체는 군형법 피적용자이다.

2) 행위

집단을 이루어 흉기, 기타 위험한 물건을 휴대하고 폭행, 협박 또는 손괴행위를 하는 것이다. 집단을 이룬다는 것은 형법 제115조 소요죄에서 '다중이 집합하여'라는 말과 같다. 따라서 특수소요죄의 행위는 '다중이 집합하여 폭행·협박 또는 손괴하는 것'이다.

가) 집단(=다중의 집합)

여기서 다중이란 다수인의 집합을 의미하는데 인원수·구성원의 성질·집단의 목적·시기·장소·흉기소지여부 등 모든 사정을 종합적으로 고려하여 한 지방의 평온·안전을 해할 수 있을 정도의 폭행·협박·손괴를 함에 적당한 다수를 말한다. 이러한 다중은 내란죄처럼 조직적일 필요도 없고 주모자가 없어도 무방하며, 공동의 목적의 유무를 불문한다. 그리고 집합이란 다수인이 일정한 장소에 모여 집단을 형성하는 것을 말한다.

나) 폭행·협박 또는 손괴

폭행이란 사람 또는 물건에 대한 일체의 유형력의 행사로서 최광의 폭행을 의미하고 협박이란 일반적으로 공포심을 생기게 할 만한 해악을 고지하는 것이다.(광의의 협박) 그리고 손괴란 재물의 효용가치를 해하는 일체의 행위를 말한다. 이런한 폭행·협박 또는 손괴는 집합한 다중의 합동력에 의한 것이어야 한다.

3) 주관적 구성요건

특수소요죄가 성립하기 위해서는 다중의 합동력으로 폭행·협박 또는 손괴하려는 공동의 의사가 있어야 한다. 이러한 공동의사는 다중의 합동력을 믿고 스스로 폭행·협박 또는 손괴를 할 의사 내지 다중으로 하여금 이를 하게 하는 의사와 이와 같은 폭행·협박 또는 손괴행위에 가담하는 의사를 포함한다. 공동의사는 군중심리로 충분하므로 행위자 사이에 공모 및 계획 사전연락은 필요하지 아니한다.

다. 처벌

수괴는 3년 이상의 유기징역에 처한다. 다른 사람을 지휘하거나 세력을 확장 또는 유지하는 데 솔선한 사람은 1년 이상 10년 이하의 징역에 처한다. 부화뇌동한 사람은 2년 이하의 징역에 처한다.

'수괴'는 특수소요의 행위가 진행되는 동안 다중에게 직·간접적, 육체적·정신적으로 주모하는 최고지휘자로서 그 수에는 제한이 없고, 반드시 폭행 등의 현장에서 지휘통솔 할 필요도 없다. '지휘하는 사람'은 집단의 전부나 일부를 이끄는 자로서 그 방법은 불문하며, 현장에서 소요행동의 구체적 방법을 지시할 필요도 없고 상급자가 아니어도 상관이 없다. '솔선한 사람'은 현장에서 소요세력에 자진하여 참여하거나 소요행위를 조장하는 자를 말한다. 솔선의 방법에 제한이 없고, 반드시 폭행·협박 등에 직접적으로 가담할 필요도 없다. '부화뇌동자'란 자신의 주관 없이 소요에 가담하여 그 세력을 증대시킨 자를 말하고, 또한 반드시 폭행·협박 등을 직접적으로 할 필요는 없다.

6. 가혹행위죄

제62조(가혹행위)

① 직권을 남용하여 학대 또는 가혹한 행위를 한 사람은 5년 이하의 징역에 처한다.

② 위력을 행사하여 학대 또는 가혹한 행위를 한 사람은 3년 이하의 징역 또는 700만원 이하의 벌금에 처한다.

가. 의의

가혹행위죄란 직권을 남용하거나 위력을 행사하여 학대 또는 가혹한 행위를 함으로써 개인의 신체적·정신적 안전을 침해하는 범죄를 말한다. 군형법 제62조는 가혹행위죄에 대한 형법 제125조, 학대죄에 관한 제273조의 특별규정이다. 가혹행위죄의 입법취지는 직권을 남용하거나 위력을 행사하여 군인, 준군인에게 정신적 또는 육체적으로 고통을 줌으로써 군의 사기를 저하시키고, 군기를 문란하게 만드는 것을 방지하기 위한 것이다. 구(舊)군형법에서는 제1항의 직권남용가혹행위죄만 규정되어 있었으나, 이는 병사상호간 가혹행위시 처벌할 수 없다는 한계가 있었기에 2009년 군형법의 개정으로 제2항 위력행사가혹행위죄가 신설되었다. 제2항으로 인하여 병사상호간 가혹행위도 처벌할 수 있는 근거가 마련되었다.

나. 구성요건

1) 주체

주체는 군인 또는 준군인으로서 제1항 직권남용가혹해위죄의 경우 일정한 권한을 가진 자로 한정되나, 제2항 위력행사가혹행위죄의 경우 주체의 제한이 없다.

병 상호간 가혹행위의 성립여부에 있어서는 제2항 위력행사가혹행위죄가 신설되기 전에는 제1항의 직권남용가혹행위죄의 경우 일정한 권한이 전제되어야 하므로 원칙적으로 병사상호간에 가혹행위가 성립될 수 없었으나, 2009년 군형법의 개정으로 제2항 위력행사가혹행위죄가 신설되면서 병 상호간 가혹행위에 있어서 제2항의 위력행사가혹행위죄로 처벌할 수 있다.

제2항 위력행사가혹행위죄의 신설로 인하여 간부 상호간에도 직무관계 외의 영역에서 상관이 하급자를 학대하는 행위도 군형법으로 처벌할 수 있게 되었다. 다만, 병이 분대장, 내무반장 등 특별직책을 수행하여 일정한 권한을 가진다고 볼 수 있을 때에는 예외적으로 제1항 직권남용가혹행위죄의 주체가 될 수 있다고 본다.

2) 객체

객체는 군인 또는 준군인으로서 제1항의 경우 행위주체의 일정한 권한 아래에 속해 있는 사람으로 한정되나, 제2항의 경우 특별한 제한은 없다.

제1항의 직권남용가혹행위죄에 있어 객체가 행위주체의 일정한 권한 아래에 있다는 것은 직접적인 지휘명령권 하에 속해 있는 것뿐만 아니라 행위주체의 적법한 명령을 준수하여야 할 지위에 있는 것도 모두 포함하는 개념이다. 또한 행위주체의 지휘계통상에 있는지 여부를 불문하므로 직접 지휘·감독을 받는 자뿐만 아니라 행위주체에게 복종할 의무를 부담하는 자도 객체에 포함된다.

3) 행위

행위는 제1항의 경우 직권을 남용하여, 제2항의 경우 위력을 행사하여 학대 또는 가혹한 행위를 하는 것이다.

'직권을 남용한다'는 것은 직권을 빙자하여 부당한 행위를 하는 것을 말한다. '학대 또는 가혹한 행위'는 그 누구도 자신의 권한 내에 속한다고 주장할 수 없는 것이므로 여기에서의 직권의 남용은 행위주체가 형식적으로 자신의 일반적 직무권한에 속하는 사항과 관련하여 목적, 방법 등에 있어서 실질적으로 위법한 조치를 하는 것을 의미한다. 그러므로 직무상 우위의 지위에 있는 것을 이용하여 타인으로 하여금 범죄를 저지르게 하는 경우에는 그 죄의 공범으로 처벌받을 뿐 별도로 가혹행위죄를 구성하지 않으며, 직권과는 무관하게 사실상의 물리적인 힘을 가하여 가혹한 행위를 한 경우에는 그 행위 내용에 따라 직접적으로 폭행죄, 체포·감금죄 등으로 처벌된다.

'위력을 행사하다'란 사람의 자유의사를 제압하기에 충분한 세력을 이용하는 것을 말한다. 예를 들어 위세, 사람의 수, 주위의 상황 등에 비추어 상대방의 자유의사를 제압하기에 충분한 세력을 의미하며 폭행·협박은 물론 정치적·경제적·사회적 지위와 권세를 이용하는 것도 가능하다.

'학대'라 함은 정신적 또는 신체적으로 고통을 주는 가혹한 대우를 하는 것을 의미하는 것으로 생존에 필요한 보호를 하지 않거나 극도로 비위생적인 상태 하에 방치하는 것 또는 불공평한 방법으로 생명·신체에 위험이 있는 직무나 힘들고 곤란한 직무를 분배하는 것 등이 학대에 해당한다.

'가혹한 행위'란 폭행 이외의 방법으로 정신적·육체적 고통을 주는 일체의 행위를 말한다. 사람을 부당하게 체포·감금하거나 잠을 못 자게 하는 것, 옷을 벗겨 수치심·모욕감을 느끼게 하는 행위 등이 포함된다.

◉군형법 제62조 소정의 직권남용이란 일반적 직무권한에 속하는 사항에 관하여 그 정당한 한도를 넘어 그 권한을 위법하게 행사하는 것을 말하는 것이므로 아무런 직권을 가지지 않는 자의 행위 또는 자기의 직권과 관계없는 행위는 이에 해당하지 않는다고 할 것인바, 당직대의 조장이 당직근무를 마치고 내무반에 들어와 하급자에게 다른 이유로 기합을 준 행위는 당직조장으로서의 어떤 직권을 남용한 것이 아니라 사적 제재에 불과하다. (대법원 1985.05.14. 선고 84도1045 판결)

◎사실관계 및 판단 : 피고인 甲은 초병들을 관리하는 당직대의 조장으로서의 직책을 가지고 있을 뿐 구성원의 전반적인 생활을 규율하는 내무반장의 직책을 가지고 있지 아니하는 자로서 당직대 조장의 근무를 마치고 내무반에 들어와 책을 보고 있다가 하급자인 乙이 내무반에 들어오면서 행한 필승구호가 작다는 이유로 동인에게 엎드려뻗쳐의 기합을 주고, 또 기동타격대에 소속되어 있는 하급자 丙이 신병으로서 평소 아침에 늦게 일어난다는 이유로 동인에게 같은 기합을 주었다는 것이니 이러한 피고인 甲의 행위는 상급자의 하급자에 대한 사적 제재에 불과하여 당직조장으로서의 어떤 직권을 남용하였다고는 할 수 없을 것이다.
위 판결은 피고인 甲은 하급자 乙과 丙에게 기합 등 가혹행위를 하는 것은 당직대 조장의 권한 하에서 이루어진 가혹행위가 아닌 병 상호간 상급자의 하급자에 대한 사적 제재에 불과하기에 군형법 제62조 제1항의 직권남용가혹행위가 성립하지 않는다. 그리고 본 사건은 1980년대 사건으로 이 당시에는 제 항 위력행사가혹행위죄가 신설되지 아니하였기에 본 죄로도 처벌할 수 없었다. 제2항의 위력행사가혹행위죄가 신설되기 이전에는 명령복종관계가 아닌 병 상호간의 가혹행위를 형법상 강요죄로 처벌하는 것이 실무였다. *참고 : 강요죄는 폭행 또는 협박으로 사람의 권리행사를 방해하거나 의무 없는 일을 하게 하는 것을 말하고, 여기에서 '의무 없는 일'이란 법령, 계약 등에 기하여 발생하는 법률상 의무 없는 일을 말하므로, 법률상 의무 있는 일을 하게 한 경우에는 강요죄가 성립할 여지가 없다.

◉중대장이 자기의 범행에 협조하지 아니한다는 이유로 선임하사관을 완전군장 차림으로 2시간 이상을 연병장에서 구보를 하게 하여 도중에 졸도까지 하게 하였음은 군형법 제62조에서 규정하는 가혹한 행위에 해당한다.
중대장이 취사병에 대하여 주먹을 쥐고 엎드려 뻗쳐를 시켜놓고 약 1미터 높이의 단상위에서 그의 허리위로 5회 뛰어내림으로서 척추디스크를 일으키게 한 것과 운전병을 주먹과 발로 무수히 구타하여 실신상태에 이르게 하였다면 이는 견디기 어려운 정도의 고통을 당하였다고 볼 것이므로 군형법 제62조 소정의 가혹행위에 해당된다. (대법원 1980.01.15. 선고 79도2221)

다. 처벌

제1항의 직권남용가혹행위죄는 5년 이하의 징역, 제2항의 위력행사가혹행위죄는 3년 이하의 징역 또는 700만원 이하의 벌금에 처한다.

라. 얼차려와 가혹행위

1) 얼차려를 주는 과정에서 가혹행위가 많이 발생한다. 정당하게 허용되는 얼차려와 가혹행위와의 구분은 얼차려의 종목, 시기, 지속시간, 실시자, 대상자, 사유 등의 사정을 종합하여 실질적으로 판단해야 한다.

2) 얼차려

2005. 4. 1.부로 육군얼차려시행방침이 새롭게 시행되었는바, 이 방침은 군대 내의 위계질서를 확립하면서도 장병들의 인권을 충실히 보호하고자 하는 취지에서 종전의 얼차려 방침보다 얼차려의 방법과 한계를 보다 구체적으로 규정을 하였다.

● 시 행 방 침 ●

가. 얼차려 실시요령

① 얼차려를 부여하는 자는 피교육자의 병영생활 상태와 체력수준을 고려하여 얼차려의 방법과 횟수를 결정하여야 한다.
② 얼차려를 부여하는 자는 얼차려 시행이 교정을 목적으로 하는 교육임을 명심하여 피교육생이 얼차려로 인하여 인간적인 수치심을 느끼거나 가혹행위로 받아들이지 않도록 해야 한다.
③ 얼차려를 부여하는 자는 피교육생이 얼차려를 통하여 정신을 수양하고, 행동을 숙달하며, 체력을 단련했다는 등의 성취감을 느낄 수 있도록 해야한다.
④ 육군 전 장병은 규정되지 않은 얼차려를 부여할 수 없다.

나. 얼차려 대상

① 각급부대는 법과 규정, 지침, 지시를 위반한 대상자 중징계 또는 법적제재의 대상자와 군기 교육대 입소 대상자를 제외한 경미한 위반자에게 얼차려를 부여할 수 있다.
② 각급부대는 구두교육에 의한 교정을 우선 시행 후 교정이 불가능할 경우, 동일한 잘못을 반복할 경우, 교육훈련 시 훈련목적에 부합되는 범위 내에서 필요한 경우에 얼차려를 시행할 수 있다.

다. 얼차려 방법

(1) 병 교육기관

구분	1-2주차	3-5주차
팔굽혀펴기	1회 20번 이내 / 계속 2회 이내 반복	1회 20번 이내 / 계속 3회 이내 반복
앉았다 일어서기	1회 20번 이내 / 계속 2회 이내 반복	1회 20번 이내 / 계속 3회 이내 반복
개인호 파고 되메우기	1회 20번 이내	1회 20번 이내 / 계속 2회 이내 반복
보행	1회 1Km 이내(단독군장)	1회 1Km 이내(단독, 완전군장) / 계속 2회 이내 반복(2Km)
순환식 체력단련	1회 10분 이내	1회 10분 이내 / 계속 2회 이내 반복

(2) 야전부대

구분	이병 · 일병의 얼차려	상병 · 병장의 얼차려
팔굽혀펴기	1회 20번 이내 / 계속 4회 이내 반복	1회 20번 이내 / 계속 5회 이내 반복
앉았다 일어서기	1회 20번 이내 / 계속 4회 이내 반복	1회 20번 이내 / 계속 5회 이내 반복
개인호 파고 되메우기	1회 20번 이내 / 계속 2회 이내 반복(40분)	1회 20번 이내 / 계속 2회 이내 반복
보행	1회 1Km 이내(단독, 완전군장) / 계속 3회 이내 반복(3Km)	1회 1Km 이내(단독, 완전군장) / 계속 4회 이내 반복(4Km)
순환식 체력단련	1회 10분 이내 / 계속 3회 이내 반복(30분)	1회 10분 이내 / 계속 4회 이내 반복(40분)
뜀걸음	1회 2Km 이내(단독군장)	1회 4Km 이내(단독군장)
특정지역청소	1일 이내	1일 이내
반성문작성	1회 500자 이내	1회 500자 이내 / 계속 2회 이내 반복
참선	1회 20분 이내	1회 각 20분 이내 / 계속 2회 이내 반복(40분)

라. 얼차려 부여절차

① 얼차려 시간 : 일과시간 ~ 자유시간 내(08:00 ~ 20:00)
1회 1시간 1일 2시간 이내로 실시
1시간 초과시 중간 휴식시간(1시간 이상)부여

② 승인권자 : 소대장 이상 지휘관, 휴무간 대대급 이상 일직사령
승인권자는 "집행자, 시기, 장소, 방법 등을 명시"한다.

③ 집행권자 : 분대장 이상 간부, 휴무간 일직사관 이상 간부
얼차려는 반드시 집행자 감독하에 실시하며,
"공개된 장소(연병장, 복도, 부대 사전 등)에서 실시한다.

마. 참모총장 강조사항

① 얼차려를 받는 자가 얼차려로 인하여 인간적인 수치심을 느끼거나 극심한 고통을 느끼지 않아야 함.
② 피교육생이 얼차려를 통하여 체력단련을 한다는 생각으로 실시하고, 스스로 성취감을 느끼도록 해야 함.

이러한 얼차려 규정에 있어서 특징적인 것은 결재권자(승인권자)와 집행권자가 구분되어 있다는 점이다. 즉, 얼차려 사유의 존재 여부 및 얼차려의 부여 여부를 결정하는 자와 그 결정에 따라 이를 집행하는 자를 구별함으로써 얼차려가 남발되는 것을 방지하고 보다 적정하게 얼차려가 실시되도록 하는 것이다.

3) 판례

◉상사 계급의 피고인이 그의 잦은 폭력으로 신체에 위해를 느끼고 겁을 먹은 상태에 있던 부대원들에게 청소 불량 등을 이유로 40분 내지 50분간 머리박아(속칭 '원산폭격')를 시키거나 양손을 깍지 낀 상태에서 약 2시간 동안 팔굽혀펴기를 50-60회 정도 하게 한 행위가 형법 제324조에서 정한 강요죄에 해당한다고 한 사례. (대법원 2006.04.27. 선고 2003도4151)
(본 사건 당시에는 제 2항 위력행사가혹행위죄가 신설되지 아니하였기에 본 죄로도 처벌할 수 없었고 가혹행위를 형법상 강요죄로 처벌하는 것이 실무였다.)

◎사실관계 및 판단 : 상사 계급의 피고인이 병사들에 대해 수시로 폭력을 행사해 와 신체에 위해를 느끼고 겁을 먹은 상태에 있던 병사들에게 청소 불량 등을 이유로 40분 내지 50분간 머리박아(속칭 '원산폭격')를 시키거나 양손을 깍지 낀 상태에서 약 2시간 동안 팔굽혀펴기를 50-60회 정도 하게 한 사실을 인정한 다음, 이러한 피고인의 행위가 형법 제324조에서 정한 강요죄에 해당한다고 판단한 것은 정당하고, 거기에 상고이유에서 주장하는 바와 같은 심리미진으로 인한 사실오인이나 강요죄에 관한 법리오해 등의 위법이 없다.

제 6 절 명예에 관한 죄

1. 서설

가. 의의

군형법 제10장은 모욕의 죄라 하여 상관 또는 초병을 모욕하거나 공연히 상관의 명예를 훼손하는 행위를 처벌하고 있다. 사람이란 사회생활을 영위하는 존재로서 사회로부터 항상 일정한 평가를 받게 된다. 이와 같은 평가는 그 사람의 사회적 생활을 유지함에 있어 매우 중요한 영향을 끼치므로 법률은 이러한 사회적 평가를 보호하고자 하는 것이다. 특히 군인은 명예를 다른 가치들보다 소중히 여기는 사람으로서 상관 또는 초병의 명예를 손상할 경우 그것은 한 개인의 명예를 훼손하는 것뿐만 아니라, 군기를 침해하고 군 전체의 위신을 추락시키는 결과가 나타난다. 그 결과 군형법에서는 상관이나 초병을 모욕하고 명예를 훼손하는 자를 엄벌하기 위해 형법의 모욕죄나 명예훼손죄의 특별구성요건으로서 명예, 모욕에 관한 장을 따로 두고 있다. 행위유형에는 제64조의 상관모욕죄와 제65조의 초병모욕죄 등이 있다.

나. 보호법익

모욕의 죄의 보호법익은 상관이나 초병의 명예이다. 명예의 개념은 첫째로 내부적 명예, 즉 인격의 내부적 가치 그 자체로서 사람이 자기 또는 타인의 평가와는 상관없이 진실로 객관적으로 가지고 있는 가치를 말하며, 둘째로 외부적 명예, 즉 인격에 대한 일반적·사회적 평가로서 사람의 가치에 대해 타인이 부여하는 가치판단을 말한다. 형법상의 명예훼손죄, 모욕죄의 보호법익으로 통설적 견해이다. 셋째로 명예감정, 즉 자기의 인격 내지 사회적 평가에 대한 감정으로서 자기 자신이 자기의 가치 또는 평판에 대해 가지고 있는 표상 또는 의사를 가리키며, 군형법의 모욕죄의 보호법익이다.

'모욕'이라 함은 사람에 대하여 무가치를 표시하는 것으로서 사람의 사회적 명예를 손상할 염려가 있는 동시에 그 자의 명예감정을 해하는 양면성을 가지는 행위이므로 모욕죄의 보호법익은 실정법의 해석상 그 어느 한 쪽에 착안한 규정인가를 판단하여 결정해야 한다. 즉, 모욕행위가 면전에서 이루어진 경우에는 보호법익이 명예감정이 될 것이고 공연한 모욕의 경우에는 외부적 명예가 보호법익이 될 것이다.

사람의 명예는 그 사회적 지위 등에 따른 다소간의 상대적 차이는 있을지언정 아무리 파렴치한이라 할지라도 최소한의 명예를 가지는 것이 인정되어야 하고, 그 사회적 지위 내지 가치를 경멸받지 아니할 법률상의 권리는 보호되어야 한다. 또 사람의 가치는 현재의 것에 한하지 않고 과거의 것이건 미래의 것이건 불문한다.

2. 상관면전모욕죄

제64조(상관 모욕 등)
① 상관을 그 면전에서 모욕한 사람은 2년 이하의 징역이나 금고에 처한다.

가. 의의

상관면전모욕죄는 형법에는 없는 범죄로서 공연성이 없는 상태에서 단순히 면전에서 모욕하는 행위를 구성요건으로 하고 있다. 그러므로 이 죄의 보호법익은 상관의 명예감정이라 볼 수 있다. 상관의 명예를 침범하는 행위는 상관 개인의 사회적 평가나 명예감정을 침해할 뿐 아니라 군의 질서문란이나 통수계통의 문란을 초래하므로 군형법상에 별도의 규정을 마련하여 엄벌하고자 하는 것이다.

여기서의 상관은 준상관까지 포함하는 개념이며, 그 상관은 직무수행 여부에 상관이 없고 제복을 착용할 필요도 없으나 범인이 행위 당시에 상관임을 인식하여야 한다.

나. 구성요건

1) 주체

군형법의 피적용자이다.

2) 객체

객체는 상관이다. 상관은 준상관까지 포함한다.

◉군형법 제2조 제1호는 '상관'이란 명령복종 관계에서 명령권을 가진 사람을 말하고, 명령복종 관계가 없는 경우의 상위 계급자와 상위 서열자는 상관에 준한다고 규정하고 있다. 군형법 제48조, 제52조의2에서 규정한 상관에 대한 폭행·협박·상해의 죄와 제64조 제1항에서 규정한 상관모욕죄는 모두 상관의 신체, 명예 등의 개인적 법익뿐만 아니라 군 조직의 위계질서 및 통수체계 유지도 보호법익으로 하는 점 등에 비추어 보면, 이들 죄에서의 상관에는 명령복종 관계가 없는 경우의 상위 계급자와 상위 서열자도 포함되고, 상관이 반드시 직무수행 중일 것을 요하지 아니한다고 봄이 타당하다. (대법원 2015. 9. 24. 선고 2015도11286)

3) 행위

행위는 상관을 면전에서 모욕하는 것이다.

가) 면전

'면전'이란 상관의 인식범위 내에 있는 상태를 말한다. 즉, 상관 앞에서 하는 것이나 상관이 보거나 들을 수 있는 상태에서 하는 것을 뜻한다.

◉군형법 제64조 제1항의 상관면전모욕죄의 구성요건은 '상관을 그 면전에서 모욕하는' 것인데, 여기에서 '면전에서'라 함은 얼굴을 마주 대한 상태를 의미하는 것임이 분명하므로, 전화를 통하여 통화하는 것을 면전에서의 대화라고는 할 수 없다. 그럼에도 원심은 전화를 통하여 상관을 모욕한 이 사건에 대하여 상관면전모욕죄를 적용하였으니, 여기에는 상관면전모욕죄의 법리를 오해하여 판결의 결과에 영향을 미친 위법이 있다. (대법원 2002.12.27. 선고 2002도2539)

◎사실관계 및 판단 : 피고인이 2001. 4. 21. 10:00경 ○○시 ○○면 소재 ○○예비군 중대장실에서 제○○보병사단 동원참모인 피해자 중령 임○○에게 전화를 하여 상관인 동인의 면전에서 '내가 누구인지 아느냐, 내가 왜 여기 있는지 아느냐, 다 당신 때문이야, 너는 살인자야'라는 취지의 폭언을 하고 일방적으로 전화를 끊어버림으로써 동인을 모욕하였다.

나) 모욕

'모욕'이란 사실을 적시하지 않고 단순히 추상적으로 사람에 대해 경멸의 표시를 하는 것이다. 명예훼손죄와 모욕죄의 구별을 사실적시의 유무에 있다는 것이 통설, 판례의 태도이다. 사실을 적시하더라도 그 사실이 추상적인 경우에는 모욕죄가 성립한다. 모욕의 방법에는 제한이 없고, 공연성을 결하고 있다면 구술, 동작, 부작위를 불문한다. 이 죄는 표시범으로서 단순한 결례행위는 해당하지 않는다.

◉상관모욕죄는 공석상에서의 직무상 발언에 의한 모욕뿐 아니라 사석에서의 발언일지라도 그 상관의 면전에서 한 경우에는 역시 상관모욕죄가 성립된다. (대법원 1967.09.26. 선고 67도1019)

4) 주관적 구성요건

상관면전모욕죄는 주관적 구성요건으로 단순한 고의만으로는 부족하고 특수한 경향을 요하는 경향범이다. 즉, 가해의 의사가 존재하여야 하는 것이다. 현행 형법이나 군형법에서는 이 점을 명시적으로 밝히지 않고 있으나 모욕적인 가해의사가 명백한 경우에는 모욕죄가 성립한다. 따라서 단순한 농담이나 타인의 언행에 대한 정당한 비판은 이 죄를 구성하지 않는다.

다. 처벌

2년 이하의 징역이나 금고에 처한다. 이 죄는 친고죄로 취급하지 않는다.

3. 상관공연모욕죄

> 第64조(상관 모욕 등)
> ② 문서, 도화(圖畵) 또는 우상(偶像)을 공시(公示)하거나 연설 또는 그 밖의 공연(公然)한 방법으로 상관을 모욕한 사람은 3년 이하의 징역이나 금고에 처한다.

가. 의의

문서 등을 공시하는 등 공연한 방법으로 상관을 모욕할 경우에 성립하는 죄로 보호법익은 상관에 대한 사회적 평가, 즉 외부적 명예라 할 수 있다.

나. 구성요건

1) 주체

군형법의 피적용자이다.

2) 객체

객체는 상관이다. 상관은 준상관까지 포함한다.

> ◉상관모욕죄에서의 '상관'에 대통령이 포함된다. (대법원 2013.12.12. 선고 2013도4555)
>
> ◎사실관계 및 판단 : 피고인은 2011. 12. 26.경 퇴근 후 자신의 집인 서울 송파구 (주소 생략)에서 피고인 소유의 스마트폰{아이폰4 기종, (휴대폰 번호 생략)}을 이용하여, 자신의 트위터 계정(www.twitter.com/○○○△△△□□)에 '(아이디 생략)' 이라는 아이디로 접속한 후, '쥐새끼 사대강으로 총알 장전해서 신공항, KTX, 수돗물까지 다 해쳐먹으려는 듯! 총알이 좀 부족한지 내년엔 14조원 들여서 무기구입까지!'라는 글을 올리는 등 위와 같은 방법으로 2011. 12. 26.경부터 2012. 4. 12.경까지 피고인의 스마트폰 또는 PC를 이용하여 총 9회에 걸쳐 상관인 대통령을 욕하는 글을 올려 상관을 모욕하였다.

◎해설 : 군형법 제64조 제2항은 문서, 도화 또는 우상을 공시하거나 연설 또는 그 밖의 공연한 방법으로 상관을 모욕한 사람은 3년 이하의 징역이나 금고에 처한다고 규정하고 있고, 군형법 제2조 제1호는 '상관'이란 명령복종관계에서 명령권을 가진 사람을 말하고, 명령복종관계가 없는 경우의 상위 계급자와 상위 서열자는 상관에 준한다고 규정하고 있다.

헌법 제74조, 국군조직법 제6조는 대통령은 국군을 통수한다고 규정하고 있고, 국군조직법 제8조는 국방부장관은 대통령의 명을 받아 군사에 관한 사항을 관장한다고 규정하고 있으며, 국군조직법 제9조, 제10조는 합동참모의장과 각 군 참모총장은 국방부장관의 명을 받는다고 규정하고 있는 등 대통령과 국군의 명령복종관계를 규정하고 있고, 한편 군인사법 제47조의2의 위임에 의한 군인복무규율 제2조 제4호는 2009. 9. 29. 대통령령 제21750호로 개정되면서 '상관이란 명령복종관계에 있는 사람 사이에서 명령권을 가진 사람으로서 국군통수권자부터 바로 위 상급자까지를 말한다'고 규정함으로써 대통령이 상관이라고 명시하고 있다. 위와 같은 법규범의 체계적 구조 등을 종합하면, 상관모욕죄에서의 '상관'에 대통령이 포함된다고 보아야 한다.

3) 행위

문서, 도화 또는 우상을 공시하거나 연설 또는 그 밖의 공연한 방법으로 상관을 모욕하는 것이다.

가) 문서, 도화, 우상을 공시, 연설로 상관을 모욕

여기서 '문서'라 함은 물체상에 발음적 부호에 의하여 의식내용을 기재한 것으로 그 형식은 출판물이든 손으로 쓴 것이든 불문한다. '도서'란 물체상에 형상적 기호에 의하여 인식내용을 기재한 것을 말하며, 그림, 사진 등 일체의 것을 포함한다. '우상'은 특정한 신불(神佛)이나 인물을 상징적으로 표현하는 형상을 말한다. '연설'은 언어에 의하여 불특정인 또는 다수인에게 일정한 의식 내용을 전달하는 것을 말한다.

나) 그 밖의 공연한 방법으로 상관을 모욕

'그 밖의 공연한 방법'이란 전술한 일체의 언동으로서 불특정 또는 다수인이 인지할 수 있는 상태를 작출하여 모욕하는 것을 말하며, 현실적으로 불특정 또는 다수인이 이를 인지하였을 필요는 없고 인지할 수 있는 상태에 도달한 것으로 족하다.

상관공연모욕죄의 공연성에 대하여 군형법상의 상관공연모욕죄는 불특정 또는 다수인이 인식할 수 있는 상태에서 상관을 모욕함으로써 성립하고, 그 공연성의 정도가 반드시 문서, 도화 또는 우상을 공시하거나 연설을 하는 방법에 상응하는 정도의 것이어야 하는 것은 아니다.

◉모욕이란 사실을 적시하지 아니하고 사람의 사회적 평가를 저해시킬만한 추상적 판단이나 경멸적 감정을 표현하는 것인바, 피고인이 이 사건 범죄사실에서 사용한 "쥐새끼", "가카새끼", "아 씨발 명박이", "명박이 저식새끼"의 각 표현이 개인에 대한 경멸적 감정을 표현한 것임은 그 자체로 분명하고 설사 변호인의 주장대로 대통령을 비판하는 민간인들이 자주 사용하는 표현이고 정치적 비판의 과정에서 나온 발언이라 하더라도 모욕의 객관적 구성요건에 해당함은 달라지지 않는다. (특수전사령부보통군사법원 2012.11.02. 선고 2012고7)

다. 처벌

3년 이상의 징역이나 금고에 처한다. 비친고죄이다.

4. 상관명예훼손죄

제64조(상관 모욕 등)

③ 공연히 사실을 적시하여 상관의 명예를 훼손한 사람은 3년 이하의 징역이나 금고에 처한다.

④ 공연히 거짓 사실을 적시하여 상관의 명예를 훼손한 사람은 5년 이하의 징역이나 금고에 처한다.

가. 의의

공연히 사실 또는 허위의 사실을 적시하여 상관의 명예을 훼손하는 것을 구성요건으로 하며 그 내용은 형법상 명예훼손죄(제307조)와 기본적으로 동일하다. 보호법익은 상관의 외부적 명예, 즉 상관에 대한 사회적 평가라 할 수 있다.

나. 구성요건

1) 주체

군형법의 피적용자이다.

2) 객체

객체는 상관이다. 상관은 준상관까지 포함한다.

3) 행위

공연히 사실 또는 허위의 사실을 적시하여 상관의 명예를 훼손하는 것이다.

가) 공연성

'공연히'란 불특정 또는 다수인이 인식할 수 있는 상태를 말한다. 대법원 판례 역시 '명예훼손죄의 구성요건인 공연성은 불특정 또는 다수인이 인식할 수 있는 상태를 의미하므로 비록 개별적으로 한 사람에 대하여 사실을 유포하였다 하더라도 그로부터 불특정 또는 다수인에게 전파될 가능성이 있다면 공연성의 요건을 충족한다'고 판시한바 있다.

나) 사실의 적시

사실의 적시란 명예훼손적인 사실을 사회적인 외부세계에 표시·주장·발설·전달하는 일체의 행위를 말한다. 그 사실이 진실인 경우에는 제3항이, 허위인 경우에는 제4항이 각각 적용된다.

적시된 사항은 '사실'이어야 하므로 단순히 가치판단을 표시한 것에 불과한 것은 모욕죄를 구성할 수 있으나 명예훼손죄는 성립하지 않는다. 그러나 사실을 적시한 것으로 해석되는 이상 그 내용이 어느 정도 추상적이라도 무방하다. 또 적시된 사실이 이미 사회 일각에 알려져 있거나 공지의 사실이라도 그 공연의 적시가 관련되는 자의 명예를 저하시킬 염려가 있는 한 죄를 구성하게 된다. 또한 풍문을 인용할 경우에도 사실을 적시한 것으로 인정되는 경우에는 죄가 성립된다.

적시의 방법에는 제한이 없으며, 구술, 서면, 거동을 불문한다. 사실의 적시는 구체적일 것을 요하나 시기, 장소, 수단 등을 일일이 세밀하게 적시할 것을 요하지 않는다. 침해된 명예의 주체는 특정할 수 있어야 하나 그의 성명을 적시하지 않거나 가명을 쓰더라도 다른 사실과 종합하면 누구를 지칭하는가를 추정하여 알 수 있는 정도이면 충분하다.

사실은 직접 명료하게 표현할 것을 요하지 않으며, 완곡히 표현하거나 연극 등장인물의 언어에 가탁하거나 만화, 만문에 의할지라도 사실상 사람의 명예를 손상시키는 한 이에 해당한다. 사실의 적시에 있어서 명예훼손의 목적 또는 모멸의 의사가 있을 것을 요하지 아니하며 사람의 명예를 훼손하는 사실을 인식하면서 공연히 사실을 적시하는 한 그 사실에 대한 확신의 유무를 불문한다.

다. 처벌

사실을 적시한 경우는 3년 이하의 징역이나 금고에 처하고, 허위의 사실을 적시한 경우에는 5년 이하의 징역이나 금고에 처한다.

5. 초병모욕죄

> 第65조(초병 모욕)
> 초병을 그 면전에서 모욕한 사람은 1년 이하의 징역이나 금고에 처한다.

가. 의의

군의 눈과 귀에 해당하는 초병을 면전에서 모욕함으로써 명예감정을 침범하고 직무수행에 장애를 초래하는 행위에 관한 죄이다.

나. 구성요건

1) 주체

주체는 군형법 피적용자이다.

2) 객체

객체는 초병이다.

3) 행위

행위는 초병을 그 면전에서 모욕하는 것이다. '모욕'의 의의는 상관모욕죄와 동일하다. 모욕의 방법은 면전에서 이루어진 것으로 제한된다. 초병은 직무수행 중일 것을 전제로 하는 개념이므로 면전이 아닌 공연한 방법에 의해 모욕이 이루어진 경우에는 형법에 따라 처벌이 이루어진다.

다. 처벌

1년 이하의 징역이나 금고에 처한다. 비친고죄이다.

제 7 절 군무태만의 죄

1. 서론

군형법 각칙 제7장은 군무태만의 죄라 하여 군형법의 피적용자가 그 맡은 바 직책에 충실하지 아니하거나 직무상 의무에 위반함으로써 그 본분을 벗어나거나 직분을 욕되게 하는 행위를 범죄로 규정하고 있다. 이와 같은 직무 위배행위를 형벌로 다스림으로써 군의 정상적인 기능을 소극적으로 보호하고자 하는 것이 본장의 입법취지이다. 본장의 죄 역시 대부분 순정군사범으로서의 성격을 가지고 있다.

2. 전투준비태만죄

제35조(근무 태만)

근무를 게을리하여 다음 각 호의 어느 하나에 해당하는 사람은 무기 또는 1년 이상의 징역에 처한다.

1. 지휘관 또는 이에 준하는 장교로서 그 임무를 수행하면서 적과의 교전이 예측되는 경우에 전투준비를 게을리한 사람

가. 의의

전투준비태만죄는 지휘관 또는 이에 준하는 장교가 그 임무를 수행함에 있어서 적과의 교전이 예측되는 경우에 전투준비를 태만히 한 경우에 성립한다. 이러한 전투준비태만죄는 군형법 제35조 제1호의 전투준비태만죄는 작전에 실패하였다는 결과에 의하여 성립하는 것이 아니고 통상적인 능력을 갖춘 지휘관으로서 마땅히 하여야 할 전투준비를 태만히 한 경우에 성립하는 것이므로 불가능한 전투준비 또는 부적당한 전투준비를 태만히 한 경우는 성립되지 아니한다.

나. 구성요건

1) 주체

주체는 지휘관 또는 이에 준하는 장교이다. 지휘관의 의미는 앞에서 설명한 바와 같으며, '지휘관에 준하는 장교'란 지휘관 이외의 자로서 사실상 부대를 지휘하는 장교를 말한다. 그 주체는 장교의 신분을 지닌 자에 국한되므로 부사관은 이 죄를 저지를 수 없다.

2) 행위

임무를 수행함에 있어서 적과의 교전이 예측되는 경우에 전투준비를 태만히 하는 것이다.

가) 임무를 수행하면서 적과 교전이 예측되는 경우

'임무를 수행함에 있어서'란 지휘관 또는 이에 준하는 장교로서의 임무를 현실적으로 수행하는 도중을 뜻하는 말이다. 그러므로 지휘관이라도 현실적으로 지휘관으로서의 임무를 수행하는 동안 외에는 전투준비를 태만히 하더라도 이 죄는 성립되지 않는다.

'적과 교전이 예측되는 경우'란 객관적 상황으로 보아 교전가능성이 있는 경우로서 일방적인 공격의 필요성이 있거나 방어를 위한 교전이 요구되는 경우를 포함한다.

> ◉간첩 소수인이 도주함에 따라 이를 차단 사살하는 작전임무 수행행위는 군형법상의 '적과 교전이 예측되는 경우'의 임무수행 행위라 할 수 있다. (육군고등군법회의 1979.3.28.선고 79고군형항31)

나) 전투준비 태만

'전투준비를 태만히 한다'는 것은 전투준비에 관하여 할 바를 다하지 아니하고 그것을 해태하는 것을 말한다.

◉피고인은 적과 교전이 예측되는 휴전선 남방한계선 방책선 경계근무를 임무로 하는 소속대의 소대장으로서 1982.1.29.18:00부터 그 다음날 01:00까지 방책선 경계근무를 하게 되었으므로 근무병력의 군장검사, 암구호, 초소특별수칙, 정신교육 등을 확인 점검한 후 병력을 직접 인솔하여 각 초소에 배치하고 순찰, 감독하여야 함에도 불구하고 근무자중 선임분대장인 하사 김○○에게 근무병력을 배치하도록 하고 동일 18:00경부터 19:15경까지 사이에 소속대 선임하사실에서 술을 마심으로써 전투준비를 태만히 한 사실을 인정할 수 있으므로 이는 군형법 제35조 제1호 소정의 전투준비태만죄에 해당한다. (대법원 1983.10.11. 선고 82도2108)

3) 주관적 구성요건

본 죄가 성립하기 위해서는 주관적 구성요건으로서 ① 행위자 자신이 지휘관 또는 이에 준하는 장교라는 점 ② 임무수행중이라는 점 ③ 적과의 교전이 예측되는 상황이라는 점에 대한 인식과 그러한 행위로 전투준비를 태만히 한다는 의사가 있어야 한다.

다. 처벌

무기 또는 1년 이상의 징역에 처한다.

3. 부대 등 유기죄

제35조(근무 태만)

근무를 게을리하여 다음 각 호의 어느 하나에 해당하는 사람은 무기 또는 1년 이상의 징역에 처한다.

2. 장교로서 부대 또는 병원(兵員)을 인솔하여 그 임무를 수행하면서 적을 만나거나 그 밖의 위난(危難)에 처하여 정당한 사유 없이 부대 또는 병원을 유기한 사람

가. 의의

부대 등 유기죄는 장교로서 부대 또는 병원을 인솔하여 그 임무를 수행함에 있어서 적과 조우하거나 기타 위난에 처하여 정당한 사유 없이 부대 또는 병원을 유기하는 것을 내용으로 한다. 여기서 '병원'이란 순수한 인적요소로서의 병과 부사관 및 장교를 포함하는 것이며, '정당한 사유 없이'란 위법성 또는 책임이 조각되는 사유가 없다는 말이다.

이 죄는 형법 제271조의 유기죄의 구성요건에다가 특수한 내용이 추가된 듯한 모양새를 취하고 있으나 유기죄의 특별죄는 아니다. 이 죄는 순정군사범의 일종으로서 군의 병력유지보호를 보호법익으로 하는 군무위반죄라 할 수 있다.

나. 구성요건

1) 주체

주체는 부대 또는 병원을 인솔하여 그 임무를 수행함에 있어서 적과 조우하거나 위난에 처한 장교이다. 반드시 최고 인솔책임자에 한하지 않고, 부대를 인솔하는 장교는 모두 이 죄의 주체가 된다.

2) 행위

행위는 임무를 수행함에 있어서 적과 조우하거나 기타 위난에 처하여 정당한 사유 없이 부대 또는 병원(兵員)을 유기하는 것이다.

가) 임무를 수행함에 있어서

'임무를 수행함에 있어서'란 부대 또는 병원을 인솔하는 도중이란 말이다. 여기서 말하는 임무란 특정한 임무를 의미하는 것이 아니고 포괄적으로 장교로서의 임무를 수행하는 것을 말하며, 부대나 병력의 인솔을 주된 임무로 할 것을 요하는 것도 아니다. 부대 또는 병원을 인솔하는 장교의 구체적 직책도 문제되지 않는다.

나) 적과 조우하거나 기타 위난에 처하여

'적과 조우하거나 기타 위난에 처하여'란 현실적으로 그런 사태에 처해야 하는 것을 말한다. 적과의 조우는 우연한 경우에 만나는 것으로 한정하며, 이미 적과 만날 것이 예견됨에도 불구하고 정당한 사유 없이 부대 또는 병원을 유기한 장교는 군형법 제14조 제8호의 일반이적죄에 해당 될 수 있다. 한편 여기서의 적은 적군뿐만이 아니라 적성 민간인이나 이적행위자를 포함한다.

다) 유기

'유기한다' 함은 부대 또는 병원을 위험 상황 하에 버려두고 가는 것을 말한다.

3) 주관적 구성요건

본 죄가 성립하기 위해서는 주관적 구성요건으로서 고의가 필요하며, 위와 같은 객관적 구성요건요소에 대한 인식과 의사가 있어야 한다.

다. 처벌

무기 또는 1년 이상의 징역에 처한다.

4. 공격불이행죄

제35조(근무 태만)

근무를 게을리하여 다음 각 호의 어느 하나에 해당하는 사람은 무기 또는 1년 이상의 징역에 처한다.

3. 직무상 공격하여야 할 적을 정당한 사유 없이 공격하지 아니하거나 직무상 당연히 감당 하여야 할 위난으로부터 이탈한 사람

가. 의의

공격불이행죄는 직무상 공격해야 할 적에 대하여 정당한 사유 없이 이를 공격하지 아니하거나 직무상 당면하여야 할 위난으로부터 이탈하는 것이다. 그러므로 이 죄는 공격하지 아니하는 부작위범과 이탈하는 작위범의 두 가지로 나누어 볼 수 있다.

나. 구성요건

1) 주체

주체는 '직무상 적을 공격하여야 할 자 또는 직무상 위난을 당면해야 할 자'이다. 그러므로 비전투원으로 적을 공격하지 아니하였거나 직무 수행 외에서 위난을 당면하여 이를 피하는 것은 죄를 구성하지 않는다. 이에 대하여 직무상 적을 공격하여야 하거나 직무상 위난을 피하지 못할 책임있는 자가 본 죄의 주체라고 하면서, 직무상 공격하여야 할 자라 함은 전투에 고유의 임무로 하는 자 뿐만 아니라 구체적인 상황 하에서 적과 교전하여야 할 책임 있는 자, 즉 비전투원도 포함하는 것이라는 견해가 있다.

'직무'란 포괄적인 것을 의미하므로 특정한 명령 등에 의하여 적을 공격하는 경우라든가 특히 위난을 내포한 직무를 수행하는 경우에 한하지 않는다.

2) 행위

적을 정당한 사유 없이 공격하지 아니하거나 직무상 당연히 감당하여야 할 위난으로부터 이탈하는 것이다.

가) 공격하지 아니하거나

공격의 불이행이다. 직무상 공격하여야 할 적을 정당한 사유 없이 공격하지 아니하는 것이다. 여기서 '적'은 공격하여야할 대상이 확정된 경우만을 의미하며 적인지 여부를 판단할 수 없는 경우에는 본죄가 성립하지 아니한다. 그리고 여기서의 적은 적국 및 적국의 군대와 적성민간인, 적진도주자등을 포함하는 개념이다.

나) 위난으로부터 이탈

직무상 당연히 감당하여야 할 위난으로부터 이탈하는 것을 말한다. 여기서 '위난'이란 적과 전투행위 및 이와 유사한 위난과 나아가 천재지변 등 인적·물적 원인으로 야기되는 일체의 위난을 포함한다.

3) 주관적 구성요건

본죄는 고의범이다. 따라서 공격하여야 할 적에 해당한다는 사실을 인식해야 한다. 이러한 인식이 없는 경우 본죄는 성립하지 아니한다.

다. 처벌

무기 또는 1년 이상의 징역에 처한다.

5. 기밀문서 등 방임죄

> 제35조(근무 태만)
> 근무를 게을리하여 다음 각 호의 어느 하나에 해당하는 사람은 무기 또는 1년 이상의 징역에 처한다.
> 4. 군사기밀인 문서 또는 물건을 보관하는 사람으로서 위급한 경우에 있어서 부득이한 사유 없이 적에게 이를 방임한 사람

가. 의의

기밀문서 등 방임죄는 군사기밀의 문서 또는 물건을 보관하는 자로서 위급한 경우에 있어서 부득이한 사유 없이 적에게 이를 방임하는 것으로, 직접적인 비밀문건을 보관하는 자의 근무태만에 의한 보관의무 위배를 처벌함에 그 목적이 있고 간접적으로는 군사기밀누설 방지를 의도하고 있다.

나. 구성요건

1) 주체

주체는 군사기밀의 문서 또는 물건을 보관하는 자이다.

'군사기밀'이란 군정에 관한 기밀이건 군령에 관한 기밀이건 불문한다. 문서는 문자, 암호, 기타의 발음적 부호로써 기재한 협의의 문서 외에 상징적 기호로써 표시한 도서까지 포함한다.

'보관하는 자'라 함은 법규, 명령 기타 적법한 근거에 의하여 현실로 점유하고 있는 자를 말한다. 그리고 그가 이에 관한 책임자든 또는 책임자로부터 보관 또는 전달을 위임받은 자이든 불문한다. 적법한 근거에 의하여 보관하고 있지 아니하고 불법한 원인에 의하여 보관하게 되었을 때에는 선행하는 불법행위 자체에 대하여 책임을 질 것이고, 그 후에 행하는 방임행위는 이 죄를 구성하지 아니한다.

2) 행위

행위는 위급한 경우에 있어서 부득이한 사유 없이 상기 문서 물건을 적에게 방임하는 것이다. '위급의 원인'은 적의 공격에 의한 것이든 천재에 의한 것이든 불문한다. '부득이한 사유'는 위법성 내지 책임이 조각되는 사유를 말한다. '방임한다'는 것은 사실적 지배력을 방기한다는 것으로 적이 그에 대한 점유를 취득하게 된다는 것을 인식하고 방임하여야 한다.

적에게 방임하지 않고 적에게 제공하는 경우에는 군사기밀누설죄(제13조) 또는 그 물건의 성질여하에 따라 군대 및 군용시설제공죄(제11조) 또는 비군용병기제공죄(제14조 제7호)를 구성한다.

다. 처벌

무기 또는 1년 이상의 징역에 처한다.

6. 병기 등 결핍죄

> 第35조(근무 태만)
> 근무를 게을리하여 다음 각 호의 어느 하나에 해당하는 사람은 무기 또는 1년 이상의 징역에 처한다.
> 5. 전시, 사변 시 또는 계엄지역에서 병기, 탄약, 식량, 피복 또는 그 밖에 군용에 공하는 물건을 운반 또는 공급하는 사람으로서 부득이한 사유 없이 이를 없애거나 모자라게 한 사람

가. 의의

병기 등 결핍죄는 전시, 사변 시 또는 계엄지역에서 병기, 탄약, 식량, 피복 기타 군용에 공하는 물건을 운반 또는 공급하는 자로서 부득이한 사유 없이 이를 결핍하도록 하는 것이다.

나. 구성요건

1) 주체

주체는 전시, 사변 시 또는 계엄지역에서 병기, 탄약, 식량, 피복 기타 군용에 공하는 물건을 운반 또는 공급하는 자이다.

군용에 공하는 물건은 현실로 군용에 공하고 있는 물건을 말하므로 군용에 공하였던 물건이라든지 장래에 군용에 공할 물건이라면 이 죄의 객체가 되지 않는다.

'운반 또는 공급하는 자'란 육 · 해 · 공군에 의한 수송 또는 공급에 종사하는 자로서 수송 보급 계통에 현실로 종사하는 자를 말한다. 그러나 운반 또는 공급을 전담하는 직무에 종사하고 있는 자에 한하지 않는다.

2) 행위

행위는 병기, 탄약, 식량, 피복 기타 군용에 공하는 물건을 부득이한 사유 없이 결핍하도록 하는 것이다.

'결핍하도록 한다'함은 원래 양적으로 부족하게 한다는 것이다. 부패, 변질로 인하여 감량시키는 것도 함께 포함한다. 그런데 결핍하도록 하는 것이 고의적인 범죄행위 즉, 절도, 강도, 사기, 공갈, 횡령, 손괴 등의 범죄행위에 의해서 행해진 경우에는 군용물에 관한 죄(제75조) 또는 군용시설손괴죄(제69조)가 성립된다. 또 불가항력의 사유로 인해서 결핍시킨 경우에는 범죄 자체가 성립하게 되지 아니하므로 이 죄는 고의범 보다도 과실범을 처리하는 조문이라 하겠다. 즉 병기 등을 운반 또는 공급하는 자가 그 관리 보관에 관하여 하여야 할 주의의무에 위반하여 관리 · 보관을 잘못함으로써 그 병기 등을 결핍하게 하는 과실범을 처벌하는 죄이다.

다. 처벌

무기 또는 1년 이상의 징역에 처한다.

7. 허위명령 · 통보 · 보고죄

제38조(거짓 명령, 통보, 보고)

① 군사(軍事)에 관하여 거짓 명령, 통보 또는 보고를 한 사람은 다음 각 호의 구분에 따라 처벌 한다.

1. 적전인 경우: 사형, 무기 또는 5년 이상의 징역
2. 전시, 사변 시 또는 계엄지역인 경우: 7년 이하의 징역
3. 그 밖의 경우: 1년 이하의 징역

② 군사에 관한 명령, 통보 또는 보고를 할 의무가 있는 사람이 제1항의 죄를 범한 경우에는 제1항 각 호에서 정한 형의 2분의 1까지 가중한다.

가. 의의

허위명령 · 통보 · 보고죄는 군사에 관하여 명령 · 통보 · 보고 등을 허위로 발함으로써 군의 기능을 마비시키고 혼란을 초래하는 행위를 벌하는 죄이다. 군의

생명이라고도 할 수 있는 명령, 지휘계통의 적정한 운영을 보호법익으로 하는 범죄이다. 만약 이적의 목적으로 행했다면 일반이적죄(제14조 제5호)가 성립한다.

나. 구성요건

1) 주체

주체는 군형법 피적용자이다. 다만, 명령·통보·보고를 할 의무가 있는 자일 경우 형량이 가중된다. '의무'란 법령, 규칙, 군내 관습 또는 조리 상의 의무를 포함한다.

2) 행위

행위는 군사에 관하여 허위의 명령, 통보 또는 보고를 하는 것이다.

가) 군사에 관하여

'군사에 관하여'란 군의 전투력의 유지·증강에 관계되는 모든 사항으로서 군정·군령에 관한 것 중 직접적 또는 간접적으로 작전에 영향을 미칠 사항을 말한다. 그리고 군사에 관한 것임을 요한다는 점에서 군형법 제14조 제5호의 허위명령·통보·보고이적죄와 다르다 할 수 있다.

> ◉군형법 제38조의 "군사에 관하여"란 군의 전투력의 유지증강에 관계되는 모든 사항이라고 해석함이 타당하다 할 것이고 따라서 피고인이 한 보고내용이 병력 손실에 관한 것이고 이러한 보고에 의하여 신속한 병력의 보충은 물론 병력 손실의 원인을 분석 그 손실 원인을 제거하거나 시정 방안을 강구함으로써 전투력을 증강케 할 수 있다 할 것이므로 병력 손실에 관한 허위보고를 한 피고인 소위를 군형법 제38조의 허위보고에 의율한 원심 판결은 정당하고 독자적인 견해를 전제로 원심 판결을 공격하는 논지는 이유 없다. (육군 1972. 8. 8. 선고 72고군형항391 판결)

나) '거짓' 명령, 통보 또는 보고

'거짓' 즉 허위란 행위자의 기억에 반하는 명령, 통보 또는 보고를 의미하기 때문에 그것이 객관적 진실과 일치하는지는 문제되지 않고 오로지 행위자의 기억을 허위여부를 판단한다. 따라서 진실이라고 생각하고 보고 하였지만 사실은 허위였음이 밝혀진 경우에는 처음부터 객관적 구성요건인 '허위'에 해당되지 않게 되므로 이를 처벌할 수 없다.

다. 거짓 '명령, 통보 또는 보고'

'명령'이라 함은 추상적 규범으로서 일반명령이 아니고 상관이 부하에게 지시하는 의사표시, 즉 상관의 직무상 명령을 말한다.

'통보'라 함은 대등한 당사자 간에 자신이 인지한 내용을 전달하는 것 또는 명령복종관계에 있는 자 간에 명령적 성격을 갖지 아니한 사항을 전달하는 것을 말한다.

'보고'는 지휘감독을 받는 자가 지휘감독을 하는 자에게 인지한 내용을 전달하는 것을 말한다. 인지한 내용 외에 자신이 의욕하고 있는 사항인 신고 건의 등을 전달하는 것도 보고에 포함된다.

◉군인 사이에 구타로 인하여 상해가 발생하였음에도 불구하고 그 상해의 원인이 물건에 부딪혀 일어난 것이라고 허위로 보고한 것은 병력에 결원이 발생한 원인을 허위로 보고하고 군인 사이에 발생한 구타사고를 은폐함으로써 지휘관의 징계권 및 군사법권의 행사를 비롯하여 구타 사고에 대한 재발방지를 위한 조치 등 병력에 대한 관리 작용에 해당하는 군행정절차를 방해하는 결과를 초래한 것으로서 군 본연의 임무수행에 중대한 장애가 초래되거나 이를 예견할 수 있는 사안에 관한 것이므로, 군형법 제38조의 '군사에 관한 허위의 보고'에 해당한다. (대법원 2006.08.25. 선고 2006도620)

3) 주관적 구성요건

군사(軍事)에 관하여 거짓 명령, 통보 또는 보고한다는 인식과 의욕이 있어야 한다. 그 허위가 반드시 명령 등의 중요부분에 관한 것일 필요는 없다. 행위의 동기도 묻지 아니한다. 전술한 바와 같이 이적의 목적이 있으면 군형법 제14조 제5호의 허위명령·통보·보고이적죄가 성립한다.

라. 처벌

적전인 경우에는 사형, 무기 또는 5년 이상의 징역에 처한다. 전시, 사변 또는 계엄지역인 경우 7년 이하의 징역에 처한다. 기타의 경우에는 1년 이하의 징역에 처한다.

군사에 관한 명령, 통보 또는 보고의 의무가 있는 자가 이 죄를 범한 경우 법정형의 2분의 1까지 가중한다.

8. 명령 등 허위전달죄

> 제39조(명령 등의 거짓 전달)
> 전시, 사변 시 또는 계엄지역에서 군사에 관한 명령, 통보 또는 보고를 전달하는 사람이 거짓으로 전달하거나 전달하지 아니한 경우에는 제38조의 예에 따른다.

가. 의의

명령등허위전달죄는 전시, 사변 시 또는 계엄지역에서 군사에 관한 명령, 통보 또는 보고를 전달하는 자가 이를 허위 전달하거나 전달하지 아니함으로써 군의 기능을 저해하는 행위를 벌하는 죄이다. 이적의 목적이 있으면 일반이적죄(제14조 제5호)를 구성한다.

나. 구성요건

1) 주체

주체는 군형법 피적용자로서 예를 들어 전령처럼 군사에 관한 명령, 통보 또는 보고를 하는 자이다. 반드시 법령 등에 의해서 명령 등을 전달하는 자임을 요하지 않고 사실상 전달하는 자는 모두 포함된다.

2) 행위

행위는 전시, 사변 또는 계엄지역에서 군사에 관한 명령, 통보 또는 보고를 허위 전달하거나 전달하지 않는 것이다. 그러므로 이죄는 위의 지역에서만 성립한다.

'허위 전달한다'란 원래의 진정한 명령, 통보 또는 보고를 진실에 반하게 전달하는 것을 말하며, 전부를 새로 조작해서 전달하거나 일부를 변조해서 전달, 일부를 삭제하고 전달한 경우도 포함한다.

'전달하지 아니하다'란 부작위범으로 전혀 전달하지 아니하는 것으로 태만히 하는 것은 포함되지 않는다.

다. 처벌

전시, 사변 또는 계엄지역에서만 성립되는 범죄이며 전조(제38조)의 예에 의한다.

9. 초령위반죄

제40조(초령 위반)

① 정당한 사유 없이 정하여진 규칙에 따르지 아니하고 초병을 교체하게 하거나 교체한 사람은 다음 각 호의 구분에 따라 처벌한다.

1. 적전인 경우: 사형, 무기 또는 2년 이상의 징역
2. 전시, 사변 시 또는 계엄지역인 경우: 5년 이하의 징역
3. 그 밖의 경우: 2년 이하의 징역

② 초병이 잠을 자거나 술을 마신 경우에도 제1항의 형에 처한다.

가. 의의

초령위반죄는 정당한 사유 없이 소정의 규칙에 의하지 아니하고 초병을 교체시키거나 교체 한 자 또는 초병으로서 수면 또는 음주하는 것이다. 초병은 군의 눈과 귀에 해당하는 중요한 임무를 수행하는데 초병의 임무가 정상적으로 수행되는 것을 보호하기 위하여 또한 초병 자신의 직무 태만 행위를 벌하기 위

하여 규정된 것이다.

나. 구성요건

1) 주체

가) 제1항의 주체

제1항의 행위태양, 즉 정당한 사유 없이 정하여진 규칙에 따르지 아니하고 초병을 교체하는 경우에는 그 주체에 제한이 없으나, 초병은 제1항의 주체가 될 수 없다고 하겠다.

나) 제2항의 주체

초병이 잠을 자거나 술을 마신 초병만이 제2항의 주체가 된다. "초병(哨兵)"이란 경계를 그 고유의 임무로 하여 지상, 해상 또는 공중에 책임 범위를 정하여 배치된 사람을 말한다(군형법 제2조 제3호).

2) 행위

군형법 제40조 초령위반죄는 두 가지 행위가 있다 하겠으니 그 첫째는, 소정의 규칙에 의하지 않고 초병을 교체시키는 행위이고, 둘째는, 초병이 수면 또는 주취하는 행위라 할 것이다.

가) 정당한 사유 없이 정하여진 규칙에 따르지 아니하고 초병을 교체

정당한 사유 없이 소정의 규칙에 의하지 아니하고 초병을 교체시키는 것이다. '정당한 사유없이'란 위법성 또는 책임이 조각되는 사유가 없다는 말이다. '소정의 규칙'이란 초소에 관한 규칙 또는 경계임무에 당하는 여러 기관의 복무상 준수하여야 할 규칙을 의미한다.

◉군형법 제40조의 초병을 교체행위란 이미 확정되어 있는 규칙에 의하지 아니하고 초병을 교체시킨 경우만을 말하는 것이고 지휘관의 근무편성행위가 규칙에 위반되어도 본조의 교체행위에는 포함되지 아니한다. (대법원 1978.02.14. 선고 77도2978)

나) 잠을 자거나 술을 마시는 행위

초병이 수면 또는 음주하는 것이다. '수면 또는 음주'의 정도는 불문한다. 근무개시 전에 음주를 한 경우 초병으로 근무하는 동안 계속해서 취한 상태로 있었다 하더라도 이 죄는 성립하지 않는다.

다. 처벌

적전인 경우에는 사형, 무기 또는 2년 이상의 징역에 처한다. 전시, 사변 또는 계엄지역인 경우에는 5년 이하의 징역에 처한다. 기타의 경우에는 3년 이하의 징역에 처한다.

10. 근무기피목적상해 · 위계죄

제41조(근무 기피 목적의 사술)

① 근무를 기피할 목적으로 신체를 상해한 사람은 다음 각 호의 구분에 따라 처벌한다.

1. 적전인 경우: 사형, 무기 또는 5년 이상의 징역
2. 그 밖의 경우: 3년 이하의 징역

② 근무를 기피할 목적으로 질병을 가장하거나 그 밖의 위계(僞計)를 한 사람은 다음 각 호의 구분에 따라 처벌한다.

1. 적전인 경우: 10년 이하의 징역
2. 그 밖의 경우: 1년 이하의 징역

가. 의의

근무기피목적의 사술죄는 근무를 기피할 목적으로 자신의 신체를 상해하거나 가병(假病), 기타의 위계를 하는 것을 벌하는 것이다. 원래 자상(自傷)의 행위는 특별한 경우를 제외하고는 벌하지 않는 것을 원칙으로 하고 있다. 그러나 그

자상 행위가 자기의 법익을 침해하는 이외에 다른 법익을 침해하게 되는 경우 범죄가 성립된다. 예를 들어 자기 집에 방화하는 등 형법상 자기소유일반건조물등방화죄(형법 제166조 제2항)의 경우와 병역기피 목적으로 신체를 상해하는 병역법위반의 경우 등이 있다.

이 죄의 규정취지는 군의 인력조직인 병력의 부당한 손실을 억제함으로써 군의 인력 그 자체 및 근무에 있어서의 성실성을 보호하기 위한 것이라고 할 수 있다.

나. 구성요건

1) 주체

주체는 군형법 피적용자이다.

2) 행위

근무를 기피할 목적으로 신체를 상해하거나 질병을 가장하는 등 위계를 하는 것이다.

가) 근무기피 목적으로 '신체를 상해하는 것'

근무기피 목적으로 '신체를 상해하는 것'란 '자해행위'를 한다는 것이다. 여기서 '신체'란 행위자 자신의 신체이어야 한다. 타인의 신체를 상해하는 경우는 근무기피 목적이라 하더라도 단순 상해죄를 구성할 뿐이다.

'상해'란 신체의 생리적 기능 장애 또는 건강상태의 악화를 초래할 정도의 해악을 가하는 것을 말한다. 상해의 방법은 작위, 부작위 불문하며, 작위에 의할 경우 유·무형력 불문하며, 범인 자신의 힘을 이용하든 자연력을 빌리든 가리지 않는다. 상해의 결과가 발생함으로써 기수에 달하고, 상해의 정도가 목적을 달성하기에 충분할 정도일 필요도 없다.

고등군사법원은 본죄의 상해의 개념을 강간치상죄에 관한 대법원 1994. 11. 4. 선고 94도1311 판결에서의 상해의 개념을 원용하고 있다.

◉근무기피목적상해죄에서 상해란 신체의 완전성이 손상되고 생활기능에 장애가 왔다거나 건강상태가 불량하게 변경된 경우를 말한다. (고등군사법원 1990. 12. 28. 선고99노652)

(이하 고등군사법원 1990. 12. 28. 선고99노652에서 원용한 대법원판례 - 참고판례-) 피해자를 강간하려다가 미수에 그치고 그 과정에서 피해자에게 경부 및 전흉부 피하출혈, 통증으로 약 7일 간의 가료를 요하는 상처가 발생하였으나 그 상처가 굳이 치료를 받지 않더라도 일상생활을 하는 데 아무런 지장이 없고 시일이 경과함에 따라 자연적으로 치유될 수 있는 정도라면 그로 인하여 신체의 완전성이 손상되고 생활기능에 장애가 왔다거나 건강상태가 불량하게 변경되었다고 보기는 어려워 강간치상죄의 상해에 해당하지 않는다. (대법원 1994.11.04. 선고 94도1311)

본죄는 상해하는 것에 한하므로 자신의 생명 자체를 침해하여 자살하는 경우는 근무기피의 목적이 있다고 하더라도 본죄는 성립하지 않는다는 것이 통설과 판례이다. 더 나아가 자살을 처벌하지 않으므로 자살하려다 신체의 상해만 입고 미수에 그친 것은 이 죄로써 처벌할 수 없다는 것이 고등군사법원의 태도이다.

나) 위계행위

근무를 기피할 목적으로 가병 기타 위계를 하는 것이다. '근무를 기피할 목적'이란 군인으로서의 일반적인 직무를 기피할 목적을 의미하고, 반드시 확정적이거나 직접적일 필요는 없으며 행위자 스스로 시인하지 않는 한 그러한 위계 행위의 동기, 수단, 근무태도, 군 입대후 행적 등의 객관적인 제반사정을 종합하여 판단하면 족하다고 본다.

'가병'이란 이른바 꾀병으로서 건강상태가 완전함에도 질병 또는 신체에 이상이 있다고 사칭하는 것을 말한다. '위계'란 타인의 부지 또는 착오를 이용하여 타인으로 하여 정당한 판단을 못하게 하는 것을 말한다.

'기타 위계'를 하는 것의 대표적인 예로는 부모상 등의 경조사를 당하였다는 허위의 진술로 청원휴가의 요청하는 것을 들 수 있다.

◉피고인이 군복무가 불가능할 정도의 동성애적 기질을 갖고 있지 아니하였음에도 불구하고 군복무를 기피하기 위하여 동성애를 가장함으로써 이를 달성할 수 있으리라고 믿고, 선임병이나 간부들에게 자신이 동성애적 기질을 갖고 있음을 거짓으로 호소하고, 휴가 중 친구의 도움으로 연출된 동성애 사진을 촬영하여 피고인의 어머니를 통하여 상관인 대대장에게 제출한 사안에 대하여 '피고인의 이 사건 동성애 주장과 사진 제출은 피고인의 이 사건 상관들 및 선임의 오인 또는 착각을 불러일으키기에 충분'하며, '그들이 실제로 오인 또는 착각하여 어떠한 잘못된 조치를 하였는지 여부에 따라 위 근무기피목적위계죄의 성립 여부에 영향을 주는 것도 아니'라는 이유로 군무기피목적위계죄의 성립을 인정하였다. (고등군사법원 2005.12. 1. 선고 2005노198 판결)

3) 주관적 구성요건

본죄는 '근무를 기피할 목적'으로 상해 및 위계를 하여 성립한다.

◉행위자가 주관적으로 근무를 기피할 목적과 위계를 한다는 인식을 가지고, 객관적으로 위계의 행위를 하여 그 행위가 외부에 표현됨으로써 족하며, 달리 행위자가 가졌던 소기의 목적이나 의도가 실현되었는가의 여부는 범죄의 성립 자체에 영향을 주지 않는다. (고등군사법원 2005.12. 1. 선고 2005노198)

다. 처벌

1) 신체를 상해한 경우에는 적전인 경우 사형, 무기 또는 5년 이상의 징역에 처하고, 기타의 경우 3년 이하의 징역에 처한다.
2) 가병 기타 위계를 한 경우에는 적전인 경우 10년 이하의 징역에 처하고, 기타의 경우에는 1년 이하의 징역에 처한다.

11. 유해음식물공급죄

제42조(유해 음식물 공급)
① 독성이 있는 음식물을 군에 공급한 사람은 10년 이하의 징역에 처한다.
② 제1항의 죄를 범하여 사람을 사망 또는 상해에 이르게 한 사람은 사형, 무기 또는 5년 이상의 징역에 처한다.
③ 과실로 인하여 제1항의 죄를 범한 사람은 5년 이하의 징역이나 금고에 처한다.
④ 적을 이롭게 하기 위하여 제1항의 죄를 범한 사람은 사형, 무기 또는 5년 이상의 징역에 처한다.

가. 의의

유해음식물공급죄는 유독성 있는 음식물을 군에 공급함으로써 전투력의 기초인 군의 구성원의 건강을 침해하고 군의 사기와 전투력을 저하시킬 위험성이 있는 행위를 벌하는 것이다. 원래 유해음식물로써 사람을 상해하면 상해죄가 성립됨에 그치나, 이 죄는 그 행위가 군에 끼치는 영향이 지대하므로 특히 엄벌하기 위하여 군의 특수성에 입각하여 규정한 것이다. 그러므로 단순한 공급행위 자체만으로도 처벌하는 것이다.

군에 유독성 있는 음식물을 공급하는 행위는 군인, 준군인뿐만 아니라 민간인도 할 수 있으므로 비 군인인 내외국인도 이 죄의 주체가 될 수 있다.

나. 구성요건

1) 주체

주체는 군인, 준군인에 한하지 않고 비군인인 내외국인도 될 수 있다. 유독성 있는 음식물을 군에 공급한 이상 그 자가 공급 행위를 고유한 업무로 하는 자이건 그것을 보좌하는 자이건 또는 단순히 사실상으로 이를 협조하는 자이건 불문한다.

2) 객체

객체는 독성이 있는 음식물이다. '독성이 있는 음식물'이란 그것이 주식인가 부식인가의 구별하지 않고 독성이 포함되어 있는 음식물을 말하는 것이다. 그러나 꼭 어떠한 독극물이 포함되었을 필요는 없고, 단순히 부패, 변질되어 사람이 먹고 건강을 해할 정도의 것이면 이에 포함된다.

3) 행위

행위는 군에 공급하는 것이다. 군에 공급해야 하므로 군인 개인에 대한 공급의 경우는 성립하지 않는다. '공급'이란 수요에 응하여 물품을 공여하는 것을 말한다. 그러므로 유독성 음식물을 기부하는 경우처럼 군에 일방적으로 공여하는 경우에는 이 죄가 성립하지 않고, 그 공여로 인하여 사람이 사상하였으면 살인죄 또는 상해죄가 성립될 수 있다. 또한 공급한 행위 자체를 벌하는 것이므로 피공급자가 이를 먹었을 필요는 없다.

이 죄는 유독성 음식물을 군 이외의 곳에 공급하여 군인, 준군인이 이를 먹고서 위와 같은 결과가 발생하여도 형법상의 상해치사죄, 상해죄 등이 성립함에 그치고, 군형법상의 유해음식물공급죄는 성립하지 않는다. 그러나 유독성 음식물을 군에 공급한 이상 그것을 먹고 치사상에 이른 사람이 꼭 군인, 준군인이 아니라 내외국인이 치사상에 이른 경우에도 이 죄는 성립한다.

'사상에 이른다'함은 사망이나 상해의 결과에 도달한다는 말로써 결과적 가중범을 말하고 행위 당시에 결과를 예견할 수 있어야 한다.

다. 처벌

1) 단순히 유독성 음식물을 공급했을 경우에는 유해음식물공급죄(제42조 제1항)로 10년 이하의 징역에 처한다.
2) 유독성 음식물을 군에 공급하여 사람을 사상에 이르게 한 때에는 유해음식물공급치사상죄(동조 제2항)로 사형 무기 또는 5년 이상의 징역에 처한다.
3) 과실로 인하여 유해 음식물을 공급한 경우 과실유해음식물공급죄(동조 제3항)

로 5년 이하의 징역이나 금고에 처한다. 과실은 업무상과실, 중과실, 경과실이 모두 포함된다.

4) 이적의 목적으로 유해 음식물을 공급한 경우에는 이적 목적 유해음식물공급죄(동조 제4항)로 사형, 무기 또는 5년 이상의 징역에 처한다.

12. 출병거부죄

> 제43조(출병 거부)
> 지휘관이 출병(出兵)을 요구할 수 있는 권한을 가진 사람으로부터 그 요구를 받고 상당한 이유없이 이에 응하지 아니한 경우에는 7년 이하의 징역이나 금고에 처한다.

가. 의의

출병거부죄는 지휘관이 출병을 요구할 수 있는 권한을 가진 자로부터 그 요구를 받고 상당한 이유 없이 이에 응하지 아니하는 것이다. 군대의 힘은 순수한 군대의 목적 이외에도 위급시에 일정한 자의 출병요구에 응해 출병을 하여 국가의 위급을 구하여야 하는 의무가 있다할 것이다. 이 죄는 그와 같은 출병요구권자의 출병요구를 받고도 지휘관이 직무를 위배하는 행위를 벌하는 것이다.

나. 구성요건

1) 주체

주체는 지휘관이다.

2) 객체

객체는 출병을 요구할 수 있는 권한을 가진 자로부터의 출병요구이다. '출병을 요구할 수 있는 권한을 가진 자'란 지휘계통상 상하로 연결되어 상호협조를 요구할 수 있는 자이다. 즉, 요구는 명령이 아니므로 상관의 출동명령을 거부하는 경우에는 항명죄 또는 직무유기죄가 성립한다.

3) 행위

행위는 상당한 이유 없이 출병요구에 응하지 아니하는 것이다. '상당한 이유 없이'란 위법성 또는 책임이 조각되는 사유가 없다는 말이다. '응하지 아니하다'란 출병거부는 물론 출병요구의 내용과 일치하지 않는 불완전한 이행, 지체나 태만 등도 포함된다고 본다.

다. 처벌

처벌은 7년 이하의 징역이나 금고에 처한다.

제 8 절 위령의 죄

1. 서설

군형법 각칙 제12장은 위령의 죄라 하여 초소침범죄, 무단이탈죄, 군사기밀누설죄 및 암호부정사용죄 등을 규정하고 있다. 위령의 죄라 함은 법령, 규칙 또는 개개의 명령에 직접 또는 간접으로 위배되는 여러 가지 죄를 말하는데, 군의 법령 또는 규율에 위배되는 행위 중 군기를 문란하게 하고 군의 안녕을 해하는 중요한 행위로써 다른 장에 규정하기 곤란한 것들을 위령의 죄라하여 규정한 것이라 하겠다. 다만, 제79조 무단이탈죄는 이탈에 관한 죄에서 논의 하였으므로 여기서는 설명을 생략한다.

2. 초소침범죄

제78조(초소 침범)

초병을 속여서 초소를 통과하거나 초병의 제지에 불응한 사람은 다음 각 호의 구분에 따라 처벌 한다.

1. 적전인 경우: 1년 이상 5년 이하의 징역 또는 금고
2. 전시, 사변 시 또는 계엄지역인 경우: 3년 이하의 징역 또는 금고
3. 그 밖의 경우: 1년 이하의 징역 또는 금고

가. 의의

초소침범죄는 초병을 기망하여 초소를 통과하기나 초병의 제지에 불응함으로써 성립하는 죄로서 초병의 직무 집행상의 안전을 보호하기 위한 것이다. 전술한 바 있는 제 54조부터 제59조 초병에 대한 폭행 · 협박, 상해, 살해죄와 제65조의 초병에 대한 모욕죄가 초병의 심신(心身) 그 차제를 보호하기 위한 즉, 초병의 정적(靜的)지위를 보호하기 위한 것이라 한다면, 초소침범죄는 초병의 활동의 성과를 직접적으로 보호, 즉 초병의 동적(動的)지위를 보호하기 위한 것이

라고 할 수 있다.

이 죄는 초령(哨令)집행의 외부적 방해를 처벌하는데 그 목적이 있기 때문에 군형법 피적용자로서의 군인, 준군인은 물론 비군인인 내외국인도 주체가 될 수 있다.

나. 구성요건

1) 주체

주체는 제한이 없으므로, 군인·준군인 뿐만 아니라 민간인도 본죄의 주체가 될 수 있다.

2) 행위

초병을 속여서 초소를 통과하거나 초병의 제지에 불응하는 것이다.

가) 초병을 속여서 초소를 통과

'초병을 속여서'란 '기망'을 의미하고 이는 착오를 일으키게 하는 일체의 방법을 말한다. 적극적으로 기망수단을 사용하여 초병을 착오에 빠뜨린 뒤 그 명시 또는 묵시의 허가를 받는 것뿐만 아니라 초병이 이미 착오에 빠져 있는 것을 이용하는 것도 기망에 포함된다고 볼 수 있다.

'초소를 통과하는 것'이란 초병 본인을 기망한 결과 착오에 빠진 것을 이용하여 이루어진 것이라야 한다. 그러나 이 죄의 성립에 있어 초병을 기망하여 주의력을 다른 곳에 집중시켜 놓고 그 틈을 이용하는 초소를 통과하는 경우에도 죄가 성립된다. 즉, 초병이 스스로 범인을 통과시켜 주는 것이 요구되지는 않는다. 기망수단은 위조된 문서, 신분증을 제시하거나, 구두로 특정 자격을 사칭하거나, 군복으로 군인신분을 가장하는 것 등 그 방법은 불문한다.

'초소'는 초병이 현실적으로 배치되고 있는 장소로써 그 초소의 안으로부터 밖으로 또는 밖으로부터 안으로 통과함으로써 성립한다. 초병의 사실적인 지배 범위를 벗어났을 때 기수가 된다.

나) 초병의 제지에 불응하는 것

'초병의 제지'란 초병이 경계임무를 수행하기 위하여 작위 또는 부작위로 어떠한 행위를 할 것을 명령하는 것을 말한다. 그러므로 초병이 자기 임무와 전혀 관련 없는 행위를 제지한 경우에 있어서는 이에 불응하더라도 죄가 성립하지 아니한다.

'불응'이란 적극적으로 언어 또는 거동에 의한 반항을 의미하는 것으로 제지 행위가 있은 후 제지의 대상인 행위를 계속하거나, 새로이 행위에 착수하는 것을 말한다. 제지에 불응하는 행위 자체로써 죄가 성립되며 초소를 통과하였을 필요는 없다.

◉군형법 제78조의 초소침범죄는 초병을 속여서 초소를 통과하거나 초병의 제지에 불응한 경우에 성립한다. 여기서 말하는 '초병'은 경계를 그 고유의 임무로 하여 지상, 해상 또는 공중에 책임 범위를 정하여 배치된 사람을 말하고 (군형법 제2조 제3호), '초소'란 초병이 현실적으로 배치되어 경계임무를 수행하는 일정한 범위의 장소를 말하며, '초병의 제지'는 초병이 경계임무를 수행하기 위하여 일정한 행위의 금지를 요구하는 것이고, '불응'은 초병의 제지를 받고서도 제지의 대상이 된 행위를 착수하거나 그러한 행위를 계속하는 것을 말한다. (대법원 2016. 6. 23. 선고 2016도1473)

다. 처벌

적전인 경우 1년 이상 5년 이하의 징역 또는 금고, 전시 · 사변 시 또는 계엄지역인 경우 3년 이하의 징역 또는 금고, 그 밖의 경우 1년 이하의 징역 또는 금고에 각각 처한다.

3. 군기누설죄

제80조(군사기밀 누설)

① 군사상 기밀을 누설한 사람은 10년 이하의 징역이나 금고에 처한다.

② 업무상 과실 또는 중대한 과실로 인하여 제1항의 죄를 범한 경우에는 3년 이하의 징역이나 금고 또는 700만원 이하의 벌금에 처한다.

가. 의의

군기누설죄는 군사상의 기밀을 누설하는 죄이다. 군사기밀을 보호법익으로 하는 죄는 적에게 누설하는 간첩죄(군형법 제13조 제2항)와 주체가 제한되어 있는 군사기밀문서등 방임죄(군형법 제35조 제4호) 등이 있으나, 군기누설죄는 포괄적으로 그 밖의 모든 누설행위를 처벌대상으로 하는 범죄이다. 군사기밀을 보호하기 위한 특별법으로는 군사기밀보호법이 있다.

나. 구성요건

1) 주체

본 죄의 주체는 군형법의 피적용자 일반이다. 이는 군사시설보호법상의 대부분의 범죄가 그 주체를 군사기밀의 탐지·수집·취급하는 자로 한정하고 있는 것과 다른 점이다. 대법원 판례 역시 군형법 제80조의 범죄행위 주체가 될 수 있는 자의 범위에 관하여 군형법의 피적용자라면 누구라도 군사상 기밀누설죄의 주체가 될 수 있다고 판시한 바 있다.

◉군형법 제80조는 군사상의 기밀을 누설한 자를 처벌 대상으로 하고 있다. 여기에서 말하는 군사상의 기밀은 반드시 법령에 의하여 기밀사항으로 규정되었거나 기밀로 분류 명시된 사항에 한하지 아니하고, 군사상의 필요에 따라 기밀로 된 사항은 물론이고 객관적·일반적으로 보아 외부에 알려지지 아니하는 것에 상당한 이익이 있는 사항도 포함하며, 외부로 알려지지 아니하는 것에 상당한 이익이 있는지 여부는 자료의 작성 경위 및 과정, 누설된 자료의 구체적인 내용, 자료가 외부에 알려질 경우 군사목적상 위해한 결과를 초래할 가능성, 자료가 실무적으로 활용되고 있는 현황, 자료가 외부에 공개된 정도, 국민의 알 권리와의 관계 등을 종합적으로 고려하여 판단하여야 한다. (대법원 1990. 8. 28. 선고 90도230 판결, 대법원 2007. 12. 13. 선고 2007도3450 판결 등 참조).

2) 객체

객체는 군사상 기밀이다.

가) 군사기밀보호법상 '군사기밀'

일반인에게 알려지지 아니한 것으로서 그 내용이 누설되면 국가안전보장에 명백한 위험을 초래할 우려가 있는 군(軍) 관련 문서, 도화(圖畫), 전자기록 등 특수매체기록 또는 물건으로서 군사기밀이라는 뜻이 표시 또는 고지되거나 보호에 필요한 조치가 이루어진 것과 그 내용을 말한다.(군사기밀보호법 제 2조)

이러한 군사기밀보호법에 따르면 실질적인 군사상 기밀로서의 가치를 지녔다 하더라도 군사기밀보호법상 군사기밀이라는 뜻이 표시 또는 고지되거나 보호에 필요한 조치가 이루어지 않았다면 군사기밀보호법을 적용하여 처벌할 수 없다고 한다.

> ◉군사기밀보호법상의 군사상의 기밀이란 비공지의 사실로서 적법절차에 따라 군사기밀로서의 표지를 갖추고 그 누설이 국가의 안전보장에 명백한 위험을 초래한다고 볼 만큼의 실질가치를 지닌 문서, 도화 또는 물건으로서, 같은 법 제4조의 규정에 따라 군사상의 기밀이 해제되지 아니한 것을 말한다. (대법원 1994.04.26. 선고 94도348)

나) 군형법 제80조 군기누설죄에서 말하는 '군사상의 기밀'

반드시 법령에 의하여 기밀사항으로 규정되었거나 기밀로 분류 명시된 사항에 한하지 아니하고 군사상의 필요에 따라 기밀로 된 사항은 물론 객관적, 일반적인 입장에서 외부에 알려지지 않는 것에 상당한 이익이 있는 사항도 포함한다고 판시한바 있다. 이는 군사상의 필요에 따라 기밀로 된 사항은 물론이고 객관적으로 일반적으로 보아 외부에 알려지지 않는 것이 상당한 이익이 있는 사항도 군사기밀에 포함한다고 해석되는 것이다. 결국 군형법 제80조의 '군사상의 기밀'은 군사기밀보호법 제2조 소정의 '군사기밀'의 범위에 국한되지 않는 것이다.

◉군형법 제80조에서 말하는 군사상의 기밀이란 반드시 법령에 의하여 기밀사항으로 규정되었거나 기밀로 분류 명시된 사항에 한하지 아니하고 군사상의 필요에 따라 기밀로 된 사항은 물론 객관적, 일반적인 입장에서 외부에 알려지지 않은 것에 상당한 이익이 있는 사항도 포함한다고 해석하여야 하고 군사기밀보호법 제2조 소정의 범위에 국한되지 않은 것이라고 보아야 한다. (대법원 1990.08.28. 선고 90도230)

다) 이러한 군사상 기밀의 판단기준에 관하여 대법원 판례

외부로 알려지지 않는 것에 상당한 이익이 있는지 여부는 자료의 작성 경위 및 과정, 누설된 자료의 구체적인 내용, 자료가 외부에 알려질 경우 군사목적상 위해한 결과를 초래할 가능성, 자료가 실무적으로 활용되고 있는 현황, 자료가 외부에 공개된 정도, 국민의 알권리와의 관계 등을 종합적으로 고려하여 군사상 기밀을 판단하여야 한다고 판시한 바 있다.

◉군형법 제80조는 군사상의 기밀을 누설한 자를 처벌대상으로 하고 있는바, 여기에서 말하는 군사상의 기밀이란 반드시 법령에 의하여 기밀사항으로 규정되었거나 기밀로 분류 명시된 사항에 한하지 아니하고 군사상의 필요에 따라 기밀로 된 사항은 물론 객관적, 일반적인 입장에서 외부에 알려지지 않는 것에 상당한 이익이 있는 사항도 포함한다고 할 것이나 외부로 알려지지 않는 것에 상당한 이익이 있는지 여부는 자료의 작성 경위 및 과정, 누설된 자료의 구체적인 내용, 자료가 외부에 알려질 경우 군사목적상 위해한 결과를 초래할 가능성, 자료가 실무적으로 활용되고 있는 현황, 자료가 외부에 공개된 정도, 국민의 알권리와의 관계 등을 종합적으로 고려하여 판단하여야 한다. (대법원 2007.12.13. 선고 2007도3450)

또한 '군사시설보호구역 해제계획' 'GRC-171무전기의 제원과 성능'은 군사상 기밀에 해당하는 반면, 'IPT별 사업분류 현황'은 그 내용의 대부분은 일반에 공개된 것일 뿐만 아니라 실무상 비밀이 아닌 평문으로 관리되고 있는 점 등을 이유로 군사상 기밀에 해당하지 아니한다고 판시한 바 있다.

◉누설한 사항 중 일부 내용이 실제 군사기밀 내용과 다른 경우에도 나머지 부분이 군사기밀인 내용을 제대로 담고 있다면 전체적으로 보아 법 소정의 군사기밀 누설죄에 해당한다고 볼 것이다.

피고인 甲은 乙로부터 "GRC-206무전기 외에 다른 통신장비사업은 없느냐"는 질문을 받고 피고인 甲이 당시 '99예산편성사업에 대해서 중기계획과 일치하는지의 여부를 확인하고 1999년도에 정상적으로 사업집행이 가능한지를 선행조치부서에 확인하기 위한 회의에 참석하여 "GRC-171무전기는 계획대로 예산 편성된 사업으로 2001년 OO대를 전력화하기 위해 착수금 OO억을 편성하였다."는 내용을 들은 기억이 나 GRC-171무전기의 확보수량이 OOO대라고 알려 주었다는 것이고, 회의 당시 "회의내용은 군사Ⅱ급 비밀사항으로 보안을 유지하고 외부에 유출되지 않도록 토의 내용을 노트에 명기하지 말라"는 말까지 들었다는 것이며, 그 회의 내용은 '99예산편성(안) 참모부 토의계획'이란 제목으로 군사Ⅲ급 비밀문건으로 취급되고 있는 사실을 알 수 있어 GRC-171무전기를 계획대로 앞으로 확보할 것이라는 것 자체도 군사기밀사항이어서 단지 확보수량이 일부 부정확하다고 하더라도 확보계획이나 확보계획대로 이행한다는 자체를 군사기밀로 볼 수 있을 것이므로 피고인 甲이 알린 사실 중 일부 부정확한 부분이 있더라도 전체적으로 보아 군사기밀누설죄에 해당한다고 보아야 할 것이다. (대법원 2000.01.28. 선고 99도4022)

3) 행위

행위는 누설이다. '누설'이라 함은 타인에게 고지하는 것을 말한다. 고지의 방법은 불문한다. 타인은 특정인·불특정인·다수·소수를 불문한다. 고지의 결과 타인이 현실적으로 인식함을 필요로 하지 않으며, 인식할 수 있는 상태가 형성됨으로써 족하다. 누설대상자가 적이 아니어야 한다. 누설 대상자가 적이라면 군형법 제13조 제2항 대적군기누설죄에 따라 처벌된다.

제2항에서는 업무상 과실 또는 중과실로 인하여 군사상의 기밀을 누설한 행위도 처벌한다고 규정되어 있다. '업무'란 업무상 비밀을 취급하는 직무에 종사하는 경우를 말하며 반드시 군사상 기밀취급자일 필요는 없다.

다. 처벌

10년 이하의 징역이나 금고에 처한다. 업무상 과실 또는 중대한 과실로 인하여 군사기밀을 누설하였을 때에는 3년 이하의 징역이나 금고 또는 700만원 이하의 벌금에 처한다.

4. 암호부정사용죄

제81조(암호 부정사용)
다음 각 호의 어느 하나에 해당하는 사람은 2년 이상의 유기징역이나 유기금고에 처한다.
1. 암호를 허가 없이 발신한 사람
2. 암호를 수신(受信)할 자격이 없는 사람에게 수신하게 한 사람
3. 자기가 수신한 암호를 전달하지 아니하거나 거짓으로 전달한 사람

가. 의의

군작전상 극히 중요한 암호를 허가 없이 발신하거나 수신할 자격이 없는 자에게 수신케 하는 등의 행위를 함으로써 암호의 보안성을 침해하는 행위를 벌하고 있는 죄이다. 적을 위하여 암호를 발신하였다면 암호사용이적죄(제14조 제5호)가 성립한다.

나. 구성요건

1) 주체

주체는 군형법 피적용자이다.

2) 객체

객체는 암호이다. '암호'란 어떤 일정한 범위 내에서만 통하는 비밀로 된 신

호 또는 부호를 말한다.

3) 행위

행위는 각 호별로 구분된다. 제1호의 행위는 암호를 허가 없이 발신하는 것이다. 허가가 있으면 죄가 성립되지 않으나, 허가권자 이외의 사실상의 허가나 허가권자의 허가라도 위법한 허가라면 성립을 조각하지 못한다.

제2호의 행위는 암호를 수신할 자격이 없는 자에게 수신하게 하는 것이다. 암호의 발신자는 불문한다. 수신 자격의 유무는 당시 상황에 따라 결정될 것이나, 법령 · 규칙 · 군관습 또는 명령에서 정의하는 바에 의한다. '수신하게 한다'함은 암호를 지득할 수 있게 한다는 것이다.

제3호의 행위는 암호를 전달하지 아니하거나 거짓으로 전달하는 것이다. 자기가 수신한 암호를 전달할 의무가 있는 자가 전달하지 아니하거나 수신한 암호를 왜곡해서 전달하는 것을 말한다.

다. 처벌

처벌은 2년 이상의 유기징역이나 금고에 처한다.

제 9 절 지휘관의 항복과 도피의 죄

1. 서설

군형법 각칙 제4장은 지휘관의 항복과 도피의 죄라 하여 지휘관이 그 맡은 바 책임을 다하지 않고 그 임무에 위배된 행위를 함으로써 그 직분을 욕되게 하는 행위를 범죄로 규정하고 있다.

본 장의 죄는 군의 지휘관이란 신분을 가진 자에게만 성립하는 순정군사범의 일종이다. 지휘관은 군인 중에서도 특별히 중한 임무와 책임을 부담하는 직위에 있는 자이다. 이러한 중요한 임무를 수행하여야 할 지휘관이 비겁·태만 기타 이유로 그 임무를 다하지 않을 때에는 군기문란은 물론 군의 안녕과 질서를 해함이 크므로 본 장의 죄를 따로 규정하여 엄벌하고 있는 것이다.

2. 항복죄·부대 등 방임죄

제22조(항복) 지휘관이 그 할 바를 다하지 아니하고 적에게 항복하거나 부대, 요새, 진영, 함선 또는 항공기를 적에게 방임(放任)한 경우에는 사형에 처한다.

가. 의의

항복죄는 지휘관이 그 할 바를 다하지 아니하고 적에게 항복하거나 부대 등을 적에게 방임함으로써 그 직무를 위배하는 죄이며, 엄밀한 의미에서는 항복죄와 부대 등 방임죄 두 가지 유형으로 구분할 수 있다.

나. 구성요건

1) 주체

주체는 지휘관이다. 지휘관이 아닌 자의 이 죄의 해당 행위는 근무태만(제35

조 제2호), 항명(제44조), 군무이탈(제30조) 등의 죄는 성립할 수 있어도 이 죄는 성립하지 않는다.

2) 객체

부대 등 방임죄의 객체는 부대, 요새, 진영, 함선, 항공기이다. 여기서 부대 등은 본 죄의 주체인 지휘관의 지휘권 내에 있을 것이어야 한다. 항복죄의 경우에는 구성요건으로서의 객체가 요구되지 않는다.

3) 행위

지휘관이 그 할 바를 다하지 아니하고 적에게 항복하거나 부대, 요새, 진영, 함선 또는 항공기를 적에게 방임(放任)하는 것이다.

가) 그 할 바를 다하지 아니하고

'그 할 바를 다하지 아니하고'란 개개의 구체적 사건을 전제로 해서 객관적으로 판단해야 할 것으로 위법성 또는 책임성을 조각할 사유 없이 항복한 경우라 할 수 있겠다.

나) 적에게 항복

'항복'이란 전투의사를 포기하고 적에게 굴복하는 것으로 항복의 방법은 불문한다. 지휘관이 적에게 굴복한 것이 아니고 단지 전투를 기피할 목적으로 도피하면 솔대도피죄(제23조), 지휘관수소이탈죄(제27조), 군무이탈죄(제30조) 등이 성립할 수 있다.

다) 부대, 요새, 진영, 함선 또는 항공기를 적에게 방임(放任)

'부대 등을 적에게 방임한다'함은 부대·진영·요새·함선 또는 항공기에 대한 사실상의 지배를 적의 수중에 넘겨 버리는 것을 말한다. 부대 등을 적극적으로 적에게 제공하면 군용시설 등 제공죄(제11조)가 성립한다.

다. 처벌

사형이다. 이 죄의 미수범도 처벌한다(군형법 제25조). 이 죄의 예비·음모 행위는 3년 이상의 유기징역에 처한다(군형법 제26조).

3. 솔대도피죄

> 제23조(부대 인솔 도피)
> 지휘관이 적전에서 그 할 바를 다하지 아니하고 부대를 인솔하여 도피한 경우에는 사형에 처한다.

가. 의의

솔대도피죄는 지휘관이 적전에서 그 할 바를 다하지 아니하고 부대를 인솔하여 도피하는 전형적인 비겁행위를 내용으로 하는 범죄다. 전형적인 비겁행위라는 점에서 지휘관수소이탈죄와 구별된다.

나. 구성요건

1) 주체

주체는 지휘관이다.

2) 행위

행위는 적전에서 그 할 바를 다하지 아니하고 부대를 인솔하여 도피하는 것이다. 이 죄는 적전에서 부대를 인솔하여 도피한 경우에만 성립된다. 따라서 적전 이외의 지역에서 도피하게 되면 각 각 유형에 따라 불법진퇴죄(제20조), 지휘관수소이탈죄(제27조)를 구성하게 되고, 지휘관이 개인적으로 도피한 경우에는 군무이탈죄(제30조)를 구성한다.

다. 처벌

사형이다. 이 죄의 미수범도 처벌한다(군형법 제25조). 이 죄의 예비·음모 행위는 3년 이상의 유기징역에 처한다(군형법 제26조)

4. 직무유기죄

> 제24조(직무유기)
> 지휘관이 정당한 사유 없이 직무수행을 거부하거나 직무를 유기(遺棄)한 경우에는 다음 각 호의 구분에 따라 처벌한다.
> 1. 적전의 경우: 사형
> 2. 전시, 사변 시 또는 계엄지역인 경우: 5년 이상의 유기징역 또는 유기금고
> 3. 그 밖의 경우: 3년 이하의 징역 또는 금고

가. 의의

직무유기죄는 지휘관이 정당한 사유 없이 직무수행을 거부하거나 그 직무를 유기하는 것으로 형법 제122조의 직무유기죄에 대한 특별범죄이다. 또한 이 죄는 지휘관의 직무 위배행위에 대한 포괄적, 일반적 규정으로 본다.

나. 구성요건

1) 주체

주체는 지휘관이다. 지휘관 이외의 자의 직무유기에 관하여는 군형법상 규정은 없으며 근무태만죄(군형법 제35조 제2호)와 같은 특별한 직무위배에 대해서는 각 본조에 따라 처벌한다.

그 외의 경우에는 형법 제122조(공무원의 직무유기)에 의하여 처벌가능하며 군인중의 사병은 헌법과 병역법 기타 법령에 근거하여 국가의 국토방위사무에 종사하는 자로서 그 노무의 내용이 단순한 기계적, 육체적인 것에 한정되어 있지 않다 할 것이니 이를 공무원이라고 볼 것이기에 형법 제122조 공무원의 직무유기의 주체는 가능하다.

2) 객체

본죄의 객체인 '직무'란 법령이나 상관의 적법한 명령 또는 행위상황에 있어서 일반적으로 요구되는 사항을 포함하는 것이다. 또한 직무는 그 내용이 법령상 근거가 있거나 적어도 군대 내의 특단의 지시 또는 명령이 있어 그것이 고유의 직무내용을 이루고 있어야 한다.

◉군형법 제24조에 규정된 직무유기죄가 성립되려면 그 직무의 내용이 성문된 법령상의 근거가 있거나 적어도 군대내의 특단의 지시 또는 명령이 있어 그것이 고유의 직무내용을 이루고 있어야 하는 바 피고인 부대지휘관 甲은 탈영자 보고를 할 의무가 있음을 알 수 있고 제1심 법정에서의 피고인 甲의 진술에 의하면 그런 보고의무 있음을 피고인도 알고 있었음을 짐작할 수 있으니 피고인 甲이 소속대원 A의 탈영사실을 보고 받았음에도 불구하고 상급부대에 탈영보고를 아니하였음은 그 직무를 유기하였다 할 것이고 이는 군형법 제24조의 직무유기죄로 단정하였음은 정당하다 할 것이다. (대법원 1976. 10. 12. 선고 75도1895)

3) 행위

행위는 직무수행을 거부하거나 직무를 유기하는 것이다. '직무수행 거부'는 명시적으로 하던 묵시적으로 하던 불문한다. 다만, 판례는 직무유기죄에서 직무수행의 거부는 예컨대 무단이탈을 한다는 등의 적극적으로 직무수행을 거부할 것을 요한다는 취지의 판시를 한 바 있다.

'직무를 유기하는 것'은 직무를 포기하는 것을 의미한다. '유기'는 항상 구체적인 직무에 대해서만 성립하므로 추상적인 직무는 거부가 가능하여도 유기는 불가능하다.

◉대대장이 그 대대에 수용된 감호생들의 난동을 예방 또는 진압하기 위해 취한 대응조치가 미흡하고 부적절한 것이었다 하더라도 군형법 제24조 소정의 직무유기죄가 성립하려면 지휘관으로서의 직무를 버린다는 주관적인 인식과 직무 또는 직장을 유기하는 객관적인 행위가 있어야 하고 위와 같이 직무집행의 내용이 적정하지 못하였기 때문에 부당한 결과가 초래되었다고 하여 그 사유만으로 직무유기죄의 성립을 인정할 수 없다. (대법원 1983.04.26. 선고 82도1060)

군형법 제24조의 직무유기죄에 있어서 지휘관이 정당한 사유 없이 그 직무를 유기한 때라 함은 일정한 사태에 당면한 지휘관으로서 마땅히 취해야만 될 적정한 조치를 게을리 한 일체의 경우를 이르는 것이 아니라 일정한 사태에 당면하고서도 지휘관으로서의 직무에 위배하여 직장을 무단히 이탈한다거나 그 사태에 대응하여 마땅히 취해야만 될 구체적인 조치를 의식적으로 방임 내지는 포기하는 등, 군의 기능을 저해할 가능성이 있는 행위를 한 경우를 말한다 할 것이므로 지휘관의 직무유기죄가 성립하려면 주관적으로는 직무를 버린다는 인식과 객관적으로는 직무 또는 직장을 유기하는 행위가 있어야하며 다만 직무집행의 내용이 적정하지 못하였기 때문에 부당한 결과가 초래되었다 하여 그 사유만으로 직무유기죄의 성립을 인정할 수는 없다 할 것이다.

비록 대대장인 피고인 甲이 취한 각 대응조치가 감호생들의 난동을 예방 또는 진압하기에 미흡하고 적절하지 못한 것이었다 하더라도 거기에 과오가 있었다고 비난받는 것은 별문제로 하고 피고인에게 지휘관으로서의 직무를 버린다는 주관적인 인식이 있었다거나 객관적으로 직무 또는 직장(부대)을 유기한 행위가 있었던 경우라고는 볼 수 없다.

다. 처벌

적전인 경우 사형에 처한다. 전시, 사변 시 또는 계엄지역인 경우 5년 이상의 유기징역 또는 유기금고, 그 밖의 경우 3년 이하의 징역 또는 금고에 처한다.

제 10 절 지휘권 남용의 죄

1. 서설

군형법 각칙 제3장은 지휘권 남용의 죄라 하여 지휘관이 정당한 사유 없이 그 권한의 범위를 일탈하여 권력을 행사함으로써 통수계통의 문란을 초래하는 행위를 범죄로 규정하고 있다. 본장의 죄는 공정한 지휘권의 행사를 침해하는 범죄로써 지휘관만이 범할 수 있는 신분범이며, 군법 피적용자만이 범할 수 있는 순정군사범이다.

지휘관은 군통수권의 일부를 위임받아 이를 행사하고 있으므로. 지휘관의 권한은 자기 고유의 권한이 아니라 통수권자의 권한으로부터 위임받아 이를 집행하는 종속적 권한에 불과한 것이다. 지휘관의 권한은 매우 광범위하여 자기 부하에 대하여는 절대적 권한이 있는 것이나 그 권한의 한계는 엄하게 정해져 있으며, 직권에 대해서는 상당한 책임이 부여되고 있는 것이다. 지휘관의 권한 남용은 군의 정당한 기능 발휘에 중대한 해악을 가져온다는 점에서 이를 엄격하게 처벌하고 있는 것이다.

행위유형에는 불법전투개시죄(제18조), 불법전투계속죄(제19조), 불법진퇴죄(제20) 등이 있다.

2. 불법전투개시죄

제18조(불법 전투 개시) 지휘관이 정당한 사유 없이 외국에 대하여 전투를 개시한 경우에는 사형에 처한다.

가. 의의

불법전투개시죄는 지휘관이 자의로 전투를 개시하는 범죄이다. 국가의 전투의사에 기하지 않는 지휘관의 자의적인 전투개시 행위는 군의 통수 질서를 문란하게 하고 인명과 물자를 헛되이 버리는 것이며 나아가 국가의 권위를 손상케 할 뿐만 아니라 자칫 전쟁의 원인을 야기할 수도 있으므로 이를 금지하는 것이 취지이다. 형법 제111조의 외국에 대한 사전(私戰)죄의 특별범죄이다.

나. 구성요건

1) 주체

주체는 지휘관이다.

2) 행위

행위는 정당한 사유 없이 외국에 대하여 전투를 개시하는 것이다. '정당한 사유'란 위법성 또는 책임성을 조각하는 사유를 말한다. 즉, 국가의 자위권, 긴급피난으로써 외국에 대하여 전투를 개시하는 것은 이 죄를 구성하지 않는다.

'전투'란 전쟁에 이르지 않는 무력적 전투행위를 말한다. '전투를 개시한다'란 무력적 전투행위의 원인을 야기한다는 것이다. 따라서 이미 다른 원인에 의하여 적대상태에 있는 외국과의 관계에서는 성립되지 않는다.

'외국'이란 대한민국 이외의 모든 국가를 말하는 것으로 우호관계에 있는 외국 및 적성국에 대해서도 성립한다. 불법 전투 개시의 동기는 불문하며 비록 우국충절의 신념으로 할 경우에도 이 죄는 성립한다.

범죄의 기수에 이르렀는지의 여부는 전투를 위한 무기정비 또는 부대이동이 있을 때 실행의 착수가 있는 것으로 보고 전투가 일단 발생하면 그 전투행위의 종료 여부와 시간적 장단을 불문하고 기수가 성립한다.

다. 처벌

처벌은 사형이며, 미수범도 처벌한다.

3. 불법전투계속죄

제19조(불법 전투 계속)
지휘관이 휴전 또는 강화(講和)의 고지를 받고도 정당한 사유 없이 전투를 계속한 경우에는 사형에 처한다.

가. 의의

불법전투계속죄는 지휘관이 휴전 또는 강화를 고지 받고도 정당한 사유 없이 외국에 대하여 전투를 계속함으로써 통수계통을 문란시킴은 물론 국가의 위신을 추락시키는 행위를 벌하는 것이다.

나. 구성요건

1) 주체

주체는 지휘관이다.

2) 행위

행위는 휴전 또는 강화의 고지를 받고도 정당한 사유 없이 전투를 계속하는 것이다. 휴전 또는 강화의 고지를 받은 경우에 한하므로 단순히 상관의 전투행위 중지명령을 받고 이에 불응하여 전투를 계속한 때는 이 죄를 구성하지 않고 항명죄(제44조)를 구성한다.

휴전은 전면적 휴전 또는 강화의 고지를 받은 대에만 한하지 않고 방송이나 신문 등에 의하여 지휘관 스스로 휴전 또는 강화가 성립한 것을 안 때에도 포함한다. 휴전 또는 강화의 고지를 받고 이를 인식한 후에는 단 1회의 전투행위가 있더라도 이 죄가 성립한다. 휴전, 강화 후 전투를 중지했다가 다시 재개하는 경우에는 불법전투개시죄(제18조)를 구성한다고 본다.

다. 처벌

처벌은 사형이며, 미수범도 처벌한다.

4. 불법진퇴죄

> 제20조(불법 진퇴)
> 전시, 사변 시 또는 계엄지역에서 지휘관이 권한을 남용하여 부득이한 사유 없이 부대, 함선 또는 항공기를 진퇴(進退)시킨 경우에는 사형, 무기 또는 7년 이상의 징역이나 금고에 처한다.

가. 의의

불법진퇴죄는 전시, 사변 시 또는 계엄지역에 있어서 지휘관이 권한을 남용하여 부득이한 사유 없이 부대, 함선, 항공기를 진퇴시킴으로써 군의 통수계통을 문란시키는 행위를 벌하는 것으로, 지휘권 남용의 죄 중 이 죄에 대하여서만 '권한을 남용하여'라는 요건을 규정하고 있다.

나. 구성요건

1) 주체

주체는 지휘관이다.

2) 객체

객체는 부대, 함선 또는 항공기이다. '부대'란 부대의 물건, 시설이나 인적 구성을 포함하는 것으로 본다. 즉 부대의 병원(兵員)을 이동하거나 부대의 건물 등 시설을 이동하는 경우도 정당한 사유가 없으면 이 죄를 구성한다고 본다.

3) 행위

행위는 부대, 함선 또는 항공기를 진퇴시키는 것이다. '진퇴'란 진격과 후퇴를 말하는 것이나 이동의 뜻으로 봄이 타당하다. 행위 상황은 전시, 사변 시 또는 계엄지역이어야 하므로 그 이외의 지역에서는 이 죄가 성립될 가능성이 없다.

다. 처벌

사형, 무기 또는 7년 이상의 징역이나 금고이며, 미수범도 처벌한다.

제 11 절 반란의 죄

1. 서설

반란의 죄란 군인이 작당하여 병기를 휴대하고 군에 항거하여 다중적 폭동을 함으로써 국군의 존립상의 안전을 침해하는 범죄이다. 그러므로 본 장의 죄의 보호법익은 군권 또는 국군의 존립상의 안전이다. 군권 또는 국군의 존립상의 안전은 전력의 원천으로서 대내, 대외적으로 보호될 것이 요청되는데, 이를 대내적으로 보호하고자 하는 것이 반란의 죄이며, 대외적으로 보호하고자 하는 것이 이적의 죄이다. 국가의 대내적 안전을 보호하기 위한 죄로서는 내란죄(형법 제87조)가 있으나 그것과는 다음 몇 가지로 구분된다.

내란죄의 주체에는 제한이 없으나 반란죄의 주체에는 군인, 준군인의 신분을 요하는 점, 내란죄의 행위는 폭동으로써 그 수단 방법을 불문하나 반란죄는 병기를 휴대하고 반란할 것을 요하는 점, 내란죄는 정치적 목적을 필요로 하나 반란죄는 그러한 목적에 국한되지 않고 공분(公憤), 사분(私憤)에서 나오는 경우도 포함하여 그 목적에 제한이 없다.

구분	반란의 죄	내란죄(형법 제87조)
주체	군인, 준군인의 신분을 요함	제한이 없음
수단 / 방법	병기를 휴대하고 반란	폭동으로써 수단 방법 불문
정치적 목적	목적에 제한이 없음	정치적 목표를 필요로 함

또한 반란의 죄는 국가존립을 위태롭게 하는 범죄라는 점에서 사회의 공안을 침해하는 특수소요죄(제61조)와 구별된다. 반란단체가 세력이 강해져서 교전단체로서의 승인을 받게 되면 그때부터의 반란행위는 국제법상 전쟁이 되며 그 이후에 반란행위자가 본국의 관헌에 체포되더라도 전쟁포로의 대우를 받게 된다. 그리고 반란의 죄는 동맹국에 대한 행위에도 적용한다(제10조). 본 장의 죄의 행위유형에는 반란죄(제5조), 반란목적의 군용물탈취죄(제6조), 반란불보고죄(제9조) 등이 있다.

2. 반란죄

제5조(반란)
작당(作黨)하여 병기를 휴대하고 반란을 일으킨 사람은 다음 각 호의 구분에 따라 처벌한다.
1. 수괴(首魁): 사형
2. 반란 모의에 참여하거나 반란을 지휘하거나 그 밖에 반란에서 중요한 임무에 종사한 사람과 반란 시 살상, 파괴 또는 약탈 행위를 한 사람: 사형, 무기 또는 7년 이상의 징역이나 금고
3. 반란에 부화뇌동(附和雷同)하거나 단순히 폭동에만 관여한 사람: 7년 이하의 징역이나 금고

가. 의의

호국의 간성으로 국토방위의 신성한 임무를 수행하는데 헌신적 노력을 하여야할 군인이 병력 또는 관헌에 항거하여 다중적 폭동을 함으로써 국가의 내부적 질서를 문란시키는 죄이다. 이 죄는 형법 제87조의 내란죄에 대한 특별범죄라고 하겠다.

나. 구성요건

1) 주체

주체는 군형법 피적용자이다.

2) 행위

행위는 작당하여 병기를 휴대하고 반란하는 것이다.

'작당'이란 다수인이 공동의 목적을 위하여 공동의 의사를 가지고 상호 결집하는 것을 말한다. 단순히 다중이 집합하는 것으로는 부족하고 어느 정도 조직적인 집단이 만들어질 것을 요한다. 작당의 인원은 그 수에 제한은 없으나

이 죄의 성질에 비추어 최소한 일개 지방의 안녕·질서를 문란하게 할 정도이어야 한다.

'병기'라 함은 총, 포, 검 등 전투에 사용하는 무기로서 현재 국군이 실제로 사용하고 있는지 여부는 불문한다. '휴대한다'는 것은 병기를 사용한다는 뜻으로 반드시 시위·협박용으로 단순히 휴대하는 데 그칠 것을 요하지 않고, 반란에 참가한 전원이 휴대할 필요는 없고 그중 다수가 휴대하였으면 족하다. 그 경우 휴대하지 않은 자도 이 죄가 성립한다.

'반란'이란 폭행·협박으로써 병력 또는 관헌에 대항하는 것을 말한다. 병력 또는 관헌에 직접적으로 폭행·협박하는 데에 한하지 않고 병력 또는 관헌에 반항하기 위하여 타인에 대하여 폭행·협박하는 경우도 포함한다.

◉군형법상 반란죄는 다수의 군인이 작당하여 병기를 휴대하고 국권에 반항함으로써 성립하는 범죄이고, 여기에서 말하는 국권에는 군의 통수권 및 지휘권도 포함된다고 할 것인바, 반란 가담자들이 대통령에게 육군참모총장의 체포에 대한 재가를 요청하였다고 하더라도, 이에 대한 대통령의 재가 없이 적법한 체포절차도 밟지 아니하고 육군참모총장을 체포한 행위는 육군참모총장 개인에 대한 불법체포행위라는 의미를 넘어 대통령의 군통수권 및 육군참모총장의 군지휘권에 반항한 행위라고 할 것이며, 반란 가담자들이 작당하여 병기를 휴대하고 위와 같은 행위를 한 이상 이는 반란에 해당한다. (대법원 1997. 4. 17 선고96도3376 전원합의체판결)

3) 주관적 구성요건

본죄는 고의범이다. 형법상 내란죄가 국토참절 또는 국헌문란이라는 정치적 목적과 주관적 구성요건요소로 요구되는 데 반하여, 본죄는 그와 같은 목적을 요하지 않는다.

◉반란죄를 범한 다수인의 공동실행의 의사나 그 중 모의참여자의 모의에 대한 판시는 그 공동실행의 의사나 모의의 구체적인 일시·장소·내용 등을 상세하게 판시하여야만 하는 것은 아니고, 그 공동실행의 의사나 모의가 성립된 것이 밝혀지는 정도면 족하다. (대법원 1997. 4. 17 선고96도3376 전원합의체판결)

다. 처벌

처벌은 그 주체가 작당을 하여야 하므로 그 집단 내에서 각자 수행한 역할에 따라 나누어 처벌한다.

1) 수괴(首魁)는 사형에 처한다. '수괴'라 함은 그 폭동 전체를 지휘통솔하는 지위에 있는 자를 말한다. 반드시 자신이 발기인(發起人)이 되어 반란을 조직한 자가 아니더라도 무관하다. 수괴는 반드시 일인임을 요하지 않는다. 즉, 반란의 수뇌부라고 인정되는 자는 전부 수괴이다.
2) 모의에 참여하거나 지휘하거나 기타 중요한 임무에 종사한 사람 및 살상·파괴 또는 약탈행위를 한 사람은 사형, 무기 또는 7년 이상의 징역이나 금고에 처한다. '모의에 참여한 자'란 수괴와 같이 폭동에 관하여 상의한 사람을 의미하며, '지휘한 자'란 범행 현장에서 집단적 행동을 지휘한 사람을 말한다. '기타 중요한 임무에 종사한 사람'은 병기, 양곡, 금전 등의 징발, 관리 등에 있어서 어느 정도 책임있는 임무에 종사한 사람을 말한다.
3) 부화뇌동하거나 단순히 폭동에만 관여한 사람은 7년 이하의 징역 또는 금고에 처한다. '부화뇌동하거나 단순히 폭동에만 참여한 자'라 함은 다수인이 집합하여 반란하고 있는 사실을 알면서 이에 자기의 주관 없이 가담하여 반란의 세를 증대시킨 자를 말한다.
4) 이 죄는 미수범도 처벌한다. 이 죄의 기수·미수는 폭행·협박·살상·파괴·약탈행위 각자의 기수·미수 여부로 결정할 것이며, 반란집단의 목적달성 여부로 결정할 것은 아니다.

제 12 절 이적의 죄

1. 서설

이적의 죄라 함은 국가에 반기를 들고 적을 이롭게 하는 행위를 함으로써 국가의 외적 안전성을 침해하는 일체의 행위를 말한다. 이적의 죄는 반란의 죄와 같이 국가의 존립상의 안전을 침해하는 범죄이긴 하나 반란의 죄는 그것이 정치적 견해 차이 또는 우국적인 공분에서 나올 수도 있는 것임에 비해 이적의 죄는 주로 매국(賣國), 탐리적(貪利的)인 동기에서 나오는 범죄이므로 같은 자유형 중에서도 징역형만을 과하고 있다.

형법 각칙 제2장에도 외환의 죄라 하여 국가의 외적 안전성을 침해하는 죄를 벌하고 있으나 본법에는 이를 군의 특수 성격상 좀 더 엄벌하자는 목적 하에 가중범으로서 규정하고 있다. 적이란 그 고유한 의미에서는 전쟁 당사국의 일방이 상대방을 지정하는 말이나 여기서 말하는 적이란 전쟁 상태를 전제로 하지 않는 가상국, 적국도 포함하는 것으로 군형법이 사용하는 적의 개념 중 가장 넓은 의미의 개념이다. 반드시 적성국에 한하지 않고 적성국 또는 적성 국민의 단체도 포함되며 교전단체도 적 중에 포함된다.

이적의 죄에는 이적의 목적을 요하는 상대적 이적죄(군용시설파괴죄, 간첩죄, 적향도죄, 통로등손괴죄, 암호등사용죄, 부대해산죄 등)와 이적의 목적유무를 불문하는 절대적 이적죄(군대및군용시설제공죄, 군사상기밀누설죄, 항복강요죄, 적은닉비호죄, 비군용병기등제공죄 등)의 두 가지로 나누는데, 이적의 목적을 요하는 죄에 있어서 '적을 위하여'라 함은 오로지 적만을 위하고자 하는 유일 배타적 목적이나, 그것을 주된 목적으로 할 필요는 없다. 적을 위한다는 희망이나 의욕이 있음도 요하지 않고 그러한 결과가 발생한다는 인식만 있으면 족하다. 이적의 인식은 확정적이거나 미필적이거나 불문한다. 이적죄는 대한민국의 동맹국에 대한 행위에도 적용된다(제17조)

2. 군용시설제공이적죄

> 제11조(군대 및 군용시설 제공)
> ① 군대 요새(要塞), 진영(陣營) 또는 군용에 공하는 함선이나 항공기 또는 그 밖의 장소, 설비 또는 건조물을 적에게 제공한 사람은 사형에 처한다.

가. 의의

군대 및 군용시설제공죄는 군대 및 군용시설 등을 적에게 제공함으로써 상대적으로 결정되는 적국과의 전력 차이에 변동을 야기시키는 행위, 적에 대한 물적 원조행위를 벌하는 것이다. 형법 제95조의 시설제공이적죄에 대한 가중죄로서 이적의 목적을 요하지 않는 절대적 이적죄이다.

나. 구성요건

1) 주체

주체는 군형법 피적용자이다.

2) 객체

객체는 군대 요새, 진영 또는 군용에 공하는 함선, 항공기 또는 그 밖의 장소, 설비 또는 건조물이다. '군용에 공'한다는 것은 현실적으로 군용에 이바지하고 있는 것을 의미한다.

3) 행위

행위는 적에게 제공하는 것이다. '제공한다'는 것은 현실적으로 공여하는 것, 즉 적으로 하여금 사실상의 지배, 점유를 취득하게 하는 것이다. 사실상의 지배, 점유를 취득하게 하는 것이므로 제공이라는 형식만 의미한다고는 할 수 없다.

적을 위하여 고의로 진영 등을 방기한 경우에도 여기서의 제공으로 본다.

제공은 적이 이를 수락하거나 인도받아야만 하는 것이 아니기 때문이다. 또한, 제공의 의사표시만 있는 것으로는 미수에 불과하며, 군대 제공에 있어 병원(兵員)의 집단이 이적의 목적으로 적의 지배 하에 투항하더라도 투항한 군인의 행위는 제공이 아니므로 군대제공죄가 될 수는 없다. 이 경우에는 적진도주죄(제33조)나 형법상의 여적죄(제93조)에 해당한다.

다. 처벌

사형이다. 이 죄의 미수범은 처벌한다(제15조). 이 죄를 범할 목적으로 예비, 음모, 선동, 선전한 자는 3년 이상의 유기징역에 처한다. 단, 예비, 음모의 경우에 있어서 그 목적한 죄의 실행에 이르기 전에 자수한 때에는 그 형을 감경 또는 면제한다(제16조).

3. 군용물제공이적죄

> 제11조(군대 및 군용시설 제공)
> ② 병기, 탄약 또는 그 밖에 군용에 공하는 물건을 적에게 제공한 사람도 제1항의 형에 처한다.

군용물제공죄는 병기, 탄약 또는 그 밖의 군용에 공하는 물건을 적에게 제공하는 것을 말한다. 제1항의 죄와 동일한 유형의 죄이나 객체가 병기, 탄약 또는 그 밖의 군용에 공하는 물건이다. 병기는 전투에 사용되는 병기를 말하며 살상병기 여부는 불문한다. 병기, 탄약은 군용에 공하는 병기 및 탄약에 한한다. 행위 및 처벌은 제1항의 처벌과 같다.

4. 군용시설·물건파괴이적죄

> 제12조(군용시설 등 파괴)
> 적을 위하여 제11조에 규정된 군용시설 또는 그 밖의 물건을 파괴 하거나 사용할 수 없게 한사람은 사형에 처한다.

가. 의의

군용시설등파괴죄는 이적의 목적으로 아군의 군용시설 등을 적극적으로 파괴함으로써 군의 전투력을 약화시키는 행위를 처벌하는 것이다. 이 죄는 형법 제96조의 시설파괴이적죄에 대한 가중죄로서 이적의 목적을 요하는 상대적 이적죄이다.

나. 구성요건

1) 주체

주체는 모든 군형법 피적용자이다.

2) 객체

객체는 제11조에 규정된 군용시설(군대 요새, 진영 또는 군용에 공하는 함선이나 항공기 또는 그 밖의 장소, 설비 또는 건조물 및 병기, 탄약) 또는 그 밖에 군용에 공하는 물건이다.

3) 행위

행위는 파괴하거나 사용할 수 없게 하는 것이다. '파괴'란 위 시설 등을 유형적으로 파손하는 것으로 그 기능, 용법의 중요부분에 그와 같은 결과가 발생함을 요하며 그 정도에 미치지 못하는 것은 파괴가 아니다. 파괴의 방법은 불문한다.

'사용할 수 없게 한다'는 것은 병기를 부식시키거나 중요 부속품을 제거하는 등 파괴에 의하지 않고 그 효용을 훼멸하는 것이다. 이 죄는 이적의 목적이 있어야 하므로 그 목적이 없이 행하는 때에는 군용물에 관한 죄(제11장) 중에서 그 내용에 따른 범죄에 해당한다.

다. 처벌

사형이다. 이 죄의 미수범은 처벌한다(제15조). 이 죄를 범할 목적으로 예비, 음모, 선동, 선전한 자는 3년 이상의 유기징역에 처한다. 단, 예비, 음모의 경우에 있어서 그 목적한 죄의 실행에 이르기 전에 자수한 때에는 그 형을 감경 또는 면제한다(제16조).

5. 일반이적죄 등

제14조(일반이적)

제11조부터 제13조까지의 행위 외에 다음 각 호의 어느 하나에 해당하는 행위를 한 사람은 사형, 무기 또는 5년 이상의 징역에 처한다.

1. 적을 위하여 진로를 인도하거나 지리를 알려준 사람
2. 적에게 항복하게 하기 위하여 지휘관에게 이를 강요한 사람
3. 적을 숨기거나 비호(庇護)한 사람
4. 적을 위하여 통로, 교량, 등대, 표지 또는 그 밖의 교통시설을 손괴하거나 불통하게 하거나 그 밖의 방법으로 부대 또는 군용에 공하는 함선, 항공기 또는 차량의 왕래를 방해한 사람
5. 적을 위하여 암호 또는 신호를 사용하거나 명령, 통보 또는 보고의 내용을 고쳐서 전달하거나 전달을 게을리하거나 거짓 명령, 통보나 보고를 한 사람
6. 적을 위하여 부대, 함대(艦隊), 편대(編隊) 또는 대원을 해산시키거나 혼란을 일으키게 하거 나 그 연락이나 집합을 방해한 사람
7. 군용에 공하지 아니하는 병기, 탄약 또는 전투용에 공할 수 있는 물건을 적에게 제공한 사람
8. 그 밖에 대한민국의 군사상 이익을 해하거나 적에게 군사상 이익을 제공한 사람

가. 의의

군형법 제14조는 일반이적이라 하여 8개 항목의 이적행위를 규정하고 있다. 이적의 의사를 요하는 상대적 이적행위와 이를 불요하는 절대적 이적행위가 있으며, 행위의 내용이 특정된 구체적 이적행위와 이것을 보충하는 일반적 규정인 보충적 이적행위가 있다.

나. 향도이적죄

> 제14조(일반이적)
> 제11조부터 제13조까지의 행위 외에 다음 각 호의 어느 하나에 해당하는 행위를 한 사람은 사형, 무기 또는 5년 이상의 징역에 처한다.
> 1. 적을 위하여 진로를 인도하거나 지리를 알려준 사람

향도이적죄는 적을 위하여 진로를 인도하거나 지리를 알려주는 것으로, 이적의 목적을 요하는 상대적 이적죄이다. '적을 위하여'란 오로지 적만을 위하고자 하는 유일·배타적 목적이나 그것을 주된 목적으로 하는데 한하지 않고 적을 위한다는 희망이나 의욕이 있음도 요하지 않는다. 그러한 결과가 발생한다는 확정적인 것이든 미필적인 것이든 이를 가리지 않는다.

다. 항복강요이적죄

> 제14조(일반이적)
> 제11조부터 제13조까지의 행위 외에 다음 각 호의 어느 하나에 해당하는 행위를 한 사람은 사형, 무기 또는 5년 이상의 징역에 처한다.
> 2. 적에게 항복하게 하기 위하여 지휘관에게 이를 강요한 사람

항복강요이적죄는 적에게 항복하게 하기 위하여 지휘관에게 이를 강요하는 것으로, 이적의 목적을 요하지 않는 절대적 이적죄이다. '항복'이란 전투의사를 포기하고 적에게 굴복하는 것을 말하며, '강요'란 폭행·협박 그 밖의 위력으로 타인으로 하여금 자신의 의사에 추종시키는 것을 말한다. 그러므로 항복의 권

유 또는 건의 등은 이 죄를 구성하지 않으며, 지휘관에게 항복을 강요하는 것이므로 지휘관이 아닌 자에게 강요한 경우에도 이죄가 성립하지 않는다.

기수시기는 폭행 · 협박 그 밖의 위력 등으로 지휘관에게 항복을 강요하는 행위가 있었을 때이다. 이로 인하여 지휘관이 사실상 공포심을 일으켜 항복할 의사를 표명하였느냐의 여부는 불문한다.

라. 은닉 · 비호이적죄

제14조(일반이적)

제11조부터 제13조까지의 행위 외에 다음 각 호의 어느 하나에 해당하는 행위를 한 사람은 사형, 무기 또는 5년 이상의 징역에 처한다.

3. 적을 숨기거나 비호(庇護)한 사람

은닉 · 비호이적죄는 적을 숨기거나 비호하는 것으로, 이적의 목적을 요하지 않는 절대적 이적죄이다. 이 죄의 객체는 적이다. '비호'란 숨겨주는 것 이외에 신분을 보장하여 준다든가 적을 도피하게 해 주는 등의 방법으로 관헌의 발견 · 체포를 면탈하게 하거나 곤란하게 하는 일체의 행위를 말한다.

마. 왕래방해이적죄

제14조(일반이적)

제11조부터 제13조까지의 행위 외에 다음 각 호의 어느 하나에 해당하는 행위를 한 사람은 사형, 무기 또는 5년 이상의 징역에 처한다.

4. 적을 위하여 통로, 교량, 등대, 표지 또는 그 밖의 교통시설을 손괴하거나 불통하게 하거나 그 밖의 방법으로 부대 또는 군용에 공하는 함선, 항공기 또는 차량의 왕래를 방해한 사람

왕래방해이적죄는 적을 위하여 통로, 교량, 등대, 표지 또는 그 밖의 교통시설을 손괴하거나 불통하게 하거나 그 밖의 방법으로 부대 또는 군용에 공하는 함선, 항공기 또는 차량의 왕래를 방해하는 것으로, 이적의 목적을 요하는 상대

적 이적죄이므로 이적의 목적이 없는 경우에는 군용물손괴죄(제69조)나 형법상의 교통방해죄가 성립할 뿐이다.

'손괴'라 함은 물리적 유형력에 의한 물질적 훼손을 말하며, '불통하게 한다'함은 장애물 등을 설치하는 것 등을 의미한다. 이 죄는 부대, 차량, 함선, 항공기 등의 교통을 방해하는 죄로써 교통시설 등을 손괴하는 것과 왕래를 방해하는 일체의 행위가 포함된다. 방해의 우려 즉, 최소한 왕래가 방해될 정도의 위험상태를 야기함으로써 기수가 된다.

바. 암호 · 신호사용이적죄 등

> 제14조(일반이적)
>
> 제11조부터 제13조까지의 행위 외에 다음 각 호의 어느 하나에 해당하는 행위를 한 사람은 사형, 무기 또는 5년 이상의 징역에 처한다.
>
> 5. 적을 위하여 암호 또는 신호를 사용하거나 명령, 통보 또는 보고의 내용을 고쳐서 전달하거나 전달을 게을리 하거나 거짓 명령, 통보나 보고를 한 사람

암호사용이적죄는 적을 위하여 암호 또는 신호를 사용하거나, 명령, 통보 또는 보고의 내용을 고쳐서 전달하거나 전달을 게을리 하거나 거짓 명령, 통보나 보고를 하는 것으로, 허위의 명령, 통보, 보고죄(제38조), 명령 등의 허위 전달죄(제39조) 및 암호부정사용죄(제81조)에 대한 특별죄이다.

적을 위하여 암호 또는 신호를 사용하는 것. '암호'란 일정한 범위 안에서만 통하는 비밀된 신호 또는 부호를 말하고, '신호'란 의식 내용을 전달하기 위한 일정한 부호나 거동을 말한다. 암호나 신호는 군에서 사용하는 것에 한하지 않고 넓은 의미에서 적과 의사나 인식 내용을 연락할 수 있는 일체의 것을 의미한다. 암호 또는 신호를 사용하여 아군의 군사상의 기밀을 적에게 전달하였을 때에는 군사상기밀누설죄(제13조 제2항)가 성립하며 이 죄의 암호, 신호사용죄는 이에 흡수된다.

적을 위하여 명령, 통보 또는 보고의 내용을 고쳐서 전달하거나 전달을 게을리 하는 것. '고쳐서 전달'이란 진실한 명령, 통보, 보고의 내용을 일부 변경하

여 전달하거나 내용을 전부 조작하여 전달하는 것을 말한다. '전달을 게을리 하는 것'은 이유 없이 지체하는 것이며, 전혀 전달을 하지 않는 경우도 이에 포함된다. 어느 경우에나 진실한 명령, 통보, 보고를 전제로 하여 이를 전달하는 의무를 가진 자가 범하는 범죄로 봄이 상당하다. 이는 진실한 명령, 통보, 보고가 중간전달자에게 의해 변질되는 것을 방지하기 위한 목적이 있다.

'거짓 명령, 통보나 보고를 하는 것'이란 진실에 반하는 명령, 통보, 보고를 하는 것이다. 이 죄는 당초부터 명령, 통보, 보고가 허위로 작출되는 것을 방지하고자 하는 데에 그 목적이 있다. 따라서 이 죄의 주체는 명령권자, 통보의무자 및 보고의무자에 한한다고 봄이 타당하다. 이적 목적이 없으면 허위의 명령, 통보 보고죄(제38조)가 된다.

사. 부대해산이적죄 등

제14조(일반이적)

제11조부터 제13조까지의 행위 외에 다음 각 호의 어느 하나에 해당하는 행위를 한 사람은 사형, 무기 또는 5년 이상의 징역에 처한다.

6. 적을 위하여 부대, 함대(艦隊), 편대(編隊) 또는 대원을 해산시키거나 혼란을 일으키게 하거 나 그 연락이나 집합을 방해한 사람

부대해산이적죄는 적을 위하여 부대, 함대(艦隊), 편대(編隊) 또는 대원을 해산시키거나 혼란을 일으키게 하거나 그 연락이나 집합을 방해하는 것이다. '해산시키거나 혼란을 일으키게 한다'함은 모두 결합 질서를 파괴하는 것을 말하고, '혼란을 일으킨다'는 것은 그 정도에 이르지 않고 부대 등의 결합 질서에 장애를 가져오는 경우를 말한다. '연락이나 집합을 방해한다는 것'은 분산되어 있는 부대 등의 교신을 방해하거나 집결에 장애를 가져오는 것을 말하며, 그 방법은 불문한다. 그리고 부대 등을 해산시킨 후에 그 연락이나 집합을 방해할 경우에는 일죄만 성립한다.

아. 일반물건제공이적죄

제14조(일반이적)
제11조부터 제13조까지의 행위 외에 다음 각 호의 어느 하나에 해당하는 행위를 한 사람은 사형, 무기 또는 5년 이상의 징역에 처한다.
7. 군용에 공하지 아니하는 병기, 탄약 또는 전투용에 공할 수 있는 물건을 적에게 제공한 사람

일반물건제공이적죄는 군용에 공하지 않는 병기, 탄약 또는 전투용에 공할 수 있는 물건을 적에게 제공하는 것으로, 전투용에 공할 수 있는 물건을 적에게 제공함으로써 적을 이롭게 하는 죄이다. 이 죄의 객체는 군용에 공하지 않는 병기, 탄약 또는 전투용에 공할 수 있는 물건이다.

'군용에 공하지 않는 병기, 탄약'이란 현실적으로 아군 군용에 공하지 않는 병기, 탄약을 말한다. 군용에 공하는 병기 또는 탄약을 적에게 제공한 경우에는 군대 및 군용시설 제공(제11조 제2항)의 범죄를 구성한다. 현재는 군용에 공하지 않으나 앞으로 군용에 공할 수 있는 병기 또는 탄약을 제공한 경우에는 이 죄가 성립한다고 본다.

자. 일반이적죄

제14조(일반이적)
제11조부터 제13조까지의 행위 외에 다음 각 호의 어느 하나에 해당하는 행위를 한 사람은 사형, 무기 또는 5년 이상의 징역에 처한다.
8. 그 밖에 대한민국의 군사상 이익을 해하거나 적에게 군사상 이익을 제공한 사람

일반이적죄는 전술한 죄 이외에 대한민국의 군사상 이익을 해하거나 적에게 군사상 이익을 제공하는 것으로, 대한민국의 군사상 이익을 해하는 것과 적에게 군사상 이익을 공여하는 것, 상호간에 연관관계가 있음을 요하지 않는다. 즉, 대한민국의 군사상 이익을 해하는 행위이면 적에게 군사상의 이익을 공여하든 않든 이 죄를 구성하며, 적에게 군사상의 이익을 공여하는 이상 대한민국

의 군사상 이익을 해하는 가의 여부는 불문한다. 그러나 어느 경우에 있어서든 이적의 의사가 있어야 한다.

차. 처벌

각 죄들은 모두 사형, 무기 또는 5년 이상의 징역에 처한다. 그리고 미수범은 처벌한다. 전술한 죄를 범할 목적으로 예비 · 음모 · 선동 · 선전하는 자는 3년 이상의 유기징역에 처한다. 단, 예비 · 음모 후 실행에 이르기 전에 자수한 자의 형은 감경 또는 면제한다.

6. 간첩죄

제13조(간첩)

① 적을 위하여 간첩행위를 한 사람은 사형에 처하고, 적의 간첩을 방조한 사람은 사형 또는 무기징역에 처한다.

② 군사상 기밀을 적에게 누설한 사람도 제1항의 형에 처한다.

③ 다음 각 호의 어느 하나에 해당하는 지역 또는 기관에서 제1항 및 제2항의 죄를 범한 사람도 제1항의 형에 처한다.

1. 부대 · 기지 · 군항(軍港)지역 또는 그 밖에 군사시설 보호를 위한 법령에 따라 고시되거나 공고된 지역
2. 부대이동지역 · 부대훈련지역 · 대간첩작전지역 또는 그 밖에 군이 특수작전을 수행하는 지역
3. 「방위사업법」에 따라 지정되거나 위촉된 방위산업체와 연구기관

가. 의의

간첩죄는 적에게 제공할 목적으로 국가기밀을 탐지하거나 기밀에 속하는 문서 · 물건 등을 수집하거나 군사상의 기밀을 적에게 누설함으로써 무형적으로 군사상 이익을 해하는 행위를 벌하는 죄이며, 형법 제98조의 간첩죄에 대한 가

중처벌규정으로서 이적의 목적을 요하는 상대적 이적죄이다.

이 죄의 특이점은 군사기밀누설행위와 간첩행위라도 그것이 부대, 기지, 군항 지역 등에서 행하여졌을 때에는 군인, 준군인 뿐만 아니라 내외국민도 주체가 된다는 점이다.(군형법 제1조 제4항 제1호)

나. 구성요건

1) 주체

주체는 군형법 피적용자와 군사상의 기밀을 누설한 내외국인 및 제3항 각호에 해당하는 지역 또는 기관에서 간첩 또는 이를 방조한 내외국인이다(제1조 제4항).

2) 행위

행위는 적을 위하여 간첩하거나 적의 간첩을 방조하는 것 또는 군사상의 기밀을 적에게 누설하는 것이다.

'간첩한다'함은 적에게 통보할 목적으로 국가기밀을 탐지하거나 국가의 기밀에 속한 문서 또는 물건을 수집하는 것을 말한다. 따라서 간첩의 기수시기는 기밀문서 물건 등을 수집하는 때이고 이후 적에게 고지 여부는 불문한다. 기밀은 군사에 관한 것에 한하지 않고 정치 · 사회 전반에 관한 기밀을 포함한다.

'간첩방조'란 간첩을 정신적으로나 물질적으로 돕는 것을 말한다. 방조는 반드시 적의 파견을 받은 간첩을 방조하는 것에 한하지 않고 군형법 제13조 전단의 적을 위하여 간첩하는 자를 방조하는 것도 포함하며, 그 간첩이 군인 · 준군인 또는 내외국인이거나를 불문한다. 방조에 대하여 형법 총칙 제32조의 규정에 의하면 방조범은 그 형을 정범의 형보다 감경한다고 규정하여 법률상 감경의 범위 내에서는 선고의 제한이 없는데, 간첩방조에 있어서는 감경의 한계에 관하여 법관의 재량 범위를 한정하고자 규정을 따로 두고 있다.

'누설'이란 통보하는 것을 말한다. 이 죄의 성립을 위해서는 적에게 누설하여야 하며, 그 내용은 군사상 기밀에 한한다. 군사상 기밀이란 군정 · 군령에 관한 기밀뿐만 아니라 이와 관련 있는 기밀도 포함한다. 기밀에 속하는 이상 적에게 알려지지 않은 것에 한정하는게 아니라 일부분 알려졌으나 불확실한 사항도 기밀로 본다. 누설의 기수 시기는 적에게 고지함으로써 적이 인지할 수 있는 상태에 도달하는 때이므로 현실적으로 적이 인지해야만 기수에 이르는 것은 아니다.

간첩행위에 의해서 탐지 수집한 군사상의 기밀을 적에게 고지하는 경우는 제1항의 죄만이 성립하고, 적 이외의 자에 대하여 군사상의 기밀을 누설한 경우에는 군사기밀 누설죄(군형법 제80조)가 성립한다.

다. 처벌

간첩한 자는 사형에 처하고, 간첩을 방조한 자는 사형 또는 무기징역에 처한다. 적에게 군사상의 기밀을 누설한 자도 제13조 제1항의 형과 같다.

제 13 절 약탈의 죄

1. 의의

군형법 각칙 제13장은 약탈의 죄라 하여 주민 또는 전사상자의 재물을 약탈하거나, 사람을 강간하는 행위를 벌하고 있다.

전시에 전투지역 또는 점령지역내에서는 국적 여하를 막론하고, 주민을 보호하고, 전사상자를 존중 보호해야 함은 국제법상의 육전법규(陸戰法規)나 전지 군대에 있어서 상병자(傷病者) 대우에 관한 조약 등에서 인정되는 바이다. 그러므로 전투지역 또는 점령지역에서 주민 또는 전사상자의 재물을 약탈하거나 사람을 강간함과 같은 행위는 상기와 같은 국제법에 위배되는 행위임은 물론 정의, 인도에 반하게 되는 행위이고, 또 국가나 군의 위신을 손상시키며 치안을 방해하는 악질적인 행위라는 점에서 엄벌되어야 할 것이다. 그와 같은 이유에서 상호 죄질이 다른 약탈 강간의 행위 등을 같은 장 아래 규정하고 있으며, 또한 형법 각칙 상에 강도죄, 강간죄가 있음에도 불구하고 특별법으로 다스리고 있는 것이다.

2. 주민재물약탈죄

> 제82조(약탈)
> ① 전투지역 또는 점령지역에서 군의 위력 또는 전투의 공포를 이용하여 주민의 재물을 약취(掠取)한 사람은 무기 또는 3년 이상의 징역에 처한다.

가. 의의

전투지역 또는 점령지역에서 군의 위력 또는 전투의 공포를 이용하여 주민의 재물을 약취하는 것이다. 전투지역 또는 점령지역에서의 주민은 가장 약자로서 공포와 불안에 떨게 되는 주민의 심리상태를 이용하여 재물을 약탈하는 것은 정의·인도에 배치되는 것으로서 악질적인 행위이므로 이를 처벌하기 위한 조항이다.

나. 구성요건

1) 주체

주체는 군형법 피적용자이다.

2) 객체

객체는 주민의 재물이다. '주민'이란 국제법상 평화적 인민으로서의 주민을 의미하며 교전자로서의 군인은 주민이 아니다. 주민의 국적여하는 가리지 않는다. '재물'이란 소유권의 대상이 되는 것으로써 금전상의 가치가 없다 하더라도 주관적, 법률적 보호가치가 있는 유체물 뿐만 아니라 관리할 수 있는 동력까지도 포함된다.

3) 행위

행위는 전투지역 또는 점령지역에서 군의 위력 또는 전투의 공포를 이용하여 주민의 재물을 약취하는 것이다.

'전투지역'이란 원래는 교전 양국간의 작전행동을 하는 지역전체를 의미하는 것이나, 이를 좁게 해석하여 적과 직접 대치하여 전투행위를 하는 지역만을 말한다고 본다. 그러나 현실적인 전투행위가 있는 경우에 한하지는 않는다.

'점령지역'이란 전시에 국군이 적의 영토에 진격하여 적국의 권력을 배제하고 아군의 사실상의 지배력을 설정한 지역을 말한다. 전투행위의 유무는 가리지 않는다. 적국의 영토에 진격한 경우에만 한하므로 아국의 영토가 피탈되었다가 이를 다시 탈환한 경우에는 점령지가 아니고 전투지역이 될 수 있다.

'군의 위력 또는 전투의 공포를 이용하여 약취한다'함은 원래 전투지역 또는 점령지역에서는 전투부대의 존립 그 자체가 주민에게는 위력이 됨은 물론, 전투행위의 참혹성은 주민에게 유형·무형의 위압감과 공포를 주게 되는데, 이와 같은 주민의 심리상태를 이용하여 재물을 약취한다는 것이다. 그러므로 군의 위력 또는 전투의 공포를 이용하는 것이 아니고 개인적으로 폭행, 협박에 의해서 주민의 재물을 취득하는 것은 형법상의 공갈이나 강도죄를 구성한다.

'약취한다'란 공연히 탈취하는 것을 말한다. 강도죄의 강취와 유사한 개념이다.

다. 처벌

무기 또는 3년 이상의 징역이고, 미수범은 처벌한다.

3. 전사자재물약탈죄 등

제82조(약탈)
② 전투지역에서 전사자 또는 전상병자의 의류나 그 밖의 재물을 약취한 사람은 1년 이상의 유기징역에 처한다.

전투지역 내에서 전투행위 또는 그 밖의 질병에 의하여 사망하였거나 상해를 입은 자의 항거불능 상태를 이용하여 의류, 기타 재물을 약취하는 비인간적인 행위를 벌하는 죄이다.

4. 재물약탈치사상죄

제83조(약탈로 인한 치사상)
① 제82조의 죄를 범하여 사람을 살해하거나 사망에 이르게 한 사람은 사형 또는 무기징역에 처한다.
② 제82조의 죄를 범하여 사람을 상해하거나 상해에 이르게 한 사람은 무기 또는 7년 이상의 징역에 처한다.

재물약탈치사상죄는 군형법 제82조 약탈을 범하여 사람을 살해·상해하거나 사상에 이르게 한 것이다. 형법상 강도살인죄, 강도치사죄 및 강도상해죄, 강도치상죄와 유사한 형식의 범죄이다.

5. 전지강간죄

제84조(전지 강간)
① 전투지역 또는 점령지역에서 사람을 강간한 사람은 사형에 처한다.
② 삭제 〈2013.4.5〉

전투지역 또는 점령지역 내에서 사람의 정조를 유린하는 행위를 말한다. 정조는 언제나 보호되어야할 개인의 성적 자유에 관한 것이나 특히 전투지역 또는 점령지역에서는 그것이 침해될 가능성이 많은 것이므로 이와 같은 경우 특히 이를 보호해 줄 것이 요구된다. 이와 같은 요청에 반하여 국가와 국민을 보호해야할 신분에 있는 군인·준군인이 전투지역 또는 점령지역에서 사람을 강간한다면 그것은 정의와 인도에 위배되는 행위이며, 나아가서는 군기와 군의 위신을 손상시키는 결과를 초래할 것이므로 형법상 강간죄가 규정되어 있음에도 불구하고 군형법에 특별히 규정하여 엄하게 처벌하고 있는 것이다.

◉군형법 제84조 제1항 소정의 "전지강간"죄 해당행위는 전지에서 폭행 또는 협박으로 사람(원문 : 부녀)를 강간하는 행위만이 아니라 전지에서 사람(원문 : 부녀)의 심신상실 또는 항거불능의 상태를 이용하여 간음하는 행위도 이에 포함되는 것이라고 해석함이 타당하다. (대법원 1970. 04.28. 선고 70도449)

제84조(전지강간) [법률 제1003호, 1962.01.20, 제정]

① 전투지역 또는 점령지역에서 부녀를 강간한 자는 사형에 처한다.

② 전항의 죄에 대한 공소에는 고소를 요하지 아니한다.

제 14 절 포로에 관한 죄

1. 의의

군형법 각칙 제14장은 포로에 관한 죄라 하여 주로 포로의 억류질서를 파괴하여 적국포로를 도주케 함으로써 적군의 전투력을 증가시키는 행위를 벌하고 있다. 반면 적국에 포로로써 억류되어 있는 아군포로가 귀환할 수 있음에도 불구하고 귀환하지 아니함으로써 아군의 전투력 증강의 기회를 상실케 하는 행위도 함께 벌하고 있다.

포로란 군사상의 이유로 교전 당사국의 세력에 들어가 자유가 박탈되어 일정한 장소에 유치되어 있는 적국인을 말한다. 그 목적은 주로 적국의 전투력을 감멸시키자는 데에 있다. 포로의 신분을 취득한 자는 군인, 군무원, 종군기자, 군노무자, 민병대, 적 상선의 승무원, 민간항공기의 승무원 및 관습상 인정되고 있는 적국의 고관(高官) 등이다. 이와 같은 자는 송환되는 경우, 중립국에 수용되는 경우, 해방되는 경우, 도주하는 경우 및 전쟁 종료의 경우까지 포로의 신분이 계속된다. 그리고 적국포로의 억류질서를 파괴하는 죄에 있어서도 비군인인 내외국인도 주체가 된다.

2. 포로불귀환죄

> 第86條(포로)
> 적에게 포로가 된 사람이 우군(友軍)부대 또는 진지로 귀환할 수 있는데도 귀환할 적절한 행동을 하지 아니하거나 다른 우군포로가 귀환하지 못하게 한 사람은 2년 이하의 징역에 처한다.

가. 의의

적국에 억류되어 있는 아군 포로의 행위를 내용으로 하고 있는 죄로서, 적에게 포로로 된 자가 우군부대 또는 진지로 귀환할 수 있음에도 불구하고 귀환할 적절한 행동을 하지 아니하거나 다른 우군포로로 하여금 귀환하기 못하게 하는 것이다. 국군의 구성원으로서 당연한 의무라 할 수 있는 귀환의무를 위배함으로써 아군의 전투력 증강의 기회를 상실케 하는 행위를 벌하고 있는 죄이다.

나. 구성요건

1) 주체

주체는 군형법 피적용자 중에서 적에게 포로된 사람이다. 적군에 포로된 사람 중에서도 종군기자였던 사람이거나 민항기의 승무원 등 군형법 피적용자가 아니면 주체가 될 수 없다.

2) 행위

행위는 두 가지이다. 첫째로 우군부대 또는 진지로 귀환할 수 있음에도 불구하고 귀환할 적절한 행동을 하지 아니하는 것이다. 국군의 구성원으로서 적군에 억류되어 있을 때에는 귀환할 의무가 있음에도 귀환할 사정이 있음에도 불구하고 귀환할 적절한 행동을 취하지 아니히는 순정부작위범(純正不作爲犯)의 일종이다. '우군부대 또는 진지'라 함은 포로가 된 자의 원소속부대 또는 진지에 한하지 않고 아군부대 또는 아군 진지와 아군과 공동작전에 종사하고 있는 외국군의 부대 또는 진지도 포함된다.

둘째로 다른 우군포로가 귀환하지 못하게 하는 것으로, 작위에 의한 범행이다. 귀환하지 못하게 하는 방법은 설득, 강제, 밀고 등 방법을 불문한다.

다. 처벌

처벌은 2년 이하의 징역에 처한다.

3. 간수자포로도주원조죄

> 第87조(간수자의 포로 도주 원조)
> 포로를 간수 또는 호송하는 사람이 그 포로를 도주하게 한 경우에는 3년 이상의 유기징역에 처한다.

가. 의의

포로를 간수(看守) 또는 호송하는 사람이 그 포로를 도주하게 하는 것이다. 형법상 간수자의 도주원조죄(제148조)에 대한 특별범죄이다. 형법상 간수자의 도주원조죄가 법령에 의하여 체포 또는 구금된 자의 도주를 원조해줌으로써 사회 내부의 법적 안전성을 침해하는 것이라면, 이 죄는 군사상의 이유로 체포 또는 구금된 자의 도주를 원조해 줌으로써 군사적인 요청에 위배하는 행위를 벌하는 죄라고 하겠다.

나. 구성요건

1) 주체

주체는 포로를 간수 또는 호송하는 사람으로서 군인, 준군인에 한하지 않고 내외국인도 포함된다. '간수하는 사람'이란 일정의 장소에 수용된 포로의 신병을 직접 감시하는 사람 외에도 이를 간접적으로 감시하는 사람을 포함한다.

'호송하는 사람'이란 포로를 이동시킬 때 이와 동행하면서 이동 중의 감시, 감독에 임하는 자를 말한다. 간수 또는 호송하는 사람은 법령상 간수 또는 호송에 관한 의무가 있는 자에 한하지 않고 관습 또는 조리상 간수 또는 호송의 의무가 있다고 인정되는 사람도 포함한다고 본다. 간수 또는 호송의 업무는 그것이 고유의 임무로써 담당할 필요는 없고, 현실적으로 간수, 호송에 종사함으로써 족하다.

2) 객체

객체는 포로이다. '포로'는 적국인 중에서 포로의 신분을 취득 할 수 있는 사람으로서 현재 아국에 의해 간수 또는 호송당하고 있는 자를 말한다.

3) 행위

행위는 도주하게 하는 것이다. 방법은 작위, 부작위를 불문한다. 즉, 포로에게 적극적으로 도주를 권고하거나 기구를 공여하거나 도주에 편리한 경로를 지시하는 등의 제한이 없고, 소극적으로 간수 또는 호송의 직책을 갖고 있는 자가 직책을 고의로 태만히 함으로써 포로의 탈출을 묵인하거나 탈출을 보고도 방지에 필요한 조치를 취하지 않는 것 등이다.

다. 처벌

3년 이상의 유기징역에 처한다. 미수범은 처벌한다. 기수시기는 포로가 간수자 또는 호송자의 실력지배 범위로부터 벗어남으로써 족하고, 포로의 완전탈출 성공여부는 문제가 되지 않는다.

4. 포로도주원조죄

第88조(포로 도주 원조) ① 포로를 도주하게 한 사람은 10년 이하의 징역에 처한다. ② 포로를 도주시킬 목적으로 포로에게 기구를 제공하거나 그 밖에 그 도주를 용이하게 하는 행위를 한 사람은 7년 이하의 징역에 처한다.

가. 의의

포로를 호송하는 자 이외의 사람이 아국에 억류되어 있는 포로를 도주하게 하는 행위를 벌하는 것이다. 그러므로 주체가 특별한 신분을 요하지 아니한다는 점에서 간수자포로도주원조죄와 다르다. 형법상 도주원조죄(제147)에 대한 특별죄이다.

나. 구성요건

1) 주체

주체는 군인, 준군인에 한하지 않고 내외국인도 포함된다.

2) 객체

객체는 아국에 억류되고 있는 적국의 포로이다.

3) 행위

행위는 두 가지이다. 첫째는 포로를 도주하게 하는 것이다. 그 의미는 전조에서 설명한 바와 같다. 둘째는 포로를 도주시킬 목적으로 기구를 공여하거나 그 밖에 그 도주를 용이하게 하는 것이다. 즉, 포로를 도주시키겠다는 주관적인 목적이 있어야 한다. 그러나 그 목적이 유일, 배타적인 목적임을 요하지 않는다.

'기구를 공여하거나 기타 그 도주를 용이하게 한다'는 것은 위 첫째행위의 준비행위라고도 할 수 있는 것으로 포로도주 행위와는 관계없이 기구공여행위 자체로서 성립하게 된다. '기구'란 포로가 도주하는데 효과적으로 사용할 수 있는 것으로, 제공행위는 포로가 원하고 있었건 원하지 않고 있었건 상관없이 성립한다.

'도주용이 행위'란 작위건 부작위건 간에 상기 방법 이외의 방법으로 도주에 편리한 상황을 만들어 냄으로써 성립한다.

다. 처벌

도주하게 하는 경우에는 10년 이하의 징역에 처하고, 도주시킬 목적으로 기구를 공여하거나 도주를 용이하게 한 경우에는 7년 이하의 징역에 처한다. 미수범은 처벌한다.

5. 포로탈취죄

> 第89조(포로 탈취)
> 포로를 탈취한 사람은 2년 이상의 유기징역에 처한다.

가. 의의

형법 각론상의 도주원조죄(제147조)에 대한 특별죄로서, 적극적으로 포로를 탈취해 가는 행위를 벌하는 죄이다.

나. 구성요건

1) 주체

주체는 제한이 없다. 군인, 준군인 이외에 내외국인도 포함된다.

2) 객체

객체는 아국에 억류되고 있는 적국이 포로이다.

3) 행위

행위는 포로를 탈취하는 것이다. '탈취'란 스스로 도주하지 않는 포로를 당해 관헌의 실력적 지배로부터 자기 또는 제3자의 지배로 일시적 또는 영구적으로 옮기는 것을 말한다. 탈취의 목적, 방법은 불문한다.

다. 처벌

처벌은 2년 이상의 유기징역에 처한다. 미수범은 처벌한다.

6. 도주포로은닉 · 비호죄

제90조(도주포로 비호)
도주한 포로를 숨기거나 비호한 사람은 5년 이하의 징역에 처한다.

가. 의의

억류상태를 면탈하여 도주해 있는 포로를 은닉하거나 비호하는 행위를 벌하는 죄이다. 형법상 범인은닉죄(제151조)에 대한 특별죄라 할 수 있다. 군사적인 이유로 행해지고 있는 국가의 구속권에 대한 침해행위를 벌하는 죄이다.

나. 구성요건

1) 주체

주체는 제한이 없다. 군인, 준군인 이외에 내외국인도 된다.

2) 객체

객체는 도주한 적국 포로이다.

3) 행위

행위는 은닉 또는 비호하는 것이다. '은닉'이란 관헌으로부터 발견, 체포를 피할 수 있도록 숨을 수 있는 장소를 제공하는 것을 말하고, '비호'란 은닉 이외의 방법으로 관헌의 발견, 체포를 방해하는 일체의 행위를 말한다. 행위자가 은닉 또는 비호 당시 객체가 도주한 포로라는 것을 인식하여야 한다.

다. 처벌

5년 이하의 징역에 처한다. 미수범은 처벌한다. 포로의 친족 등이 포로를 은닉 또는 비호한 경우에도 죄가 성립한다고 본다.

제 15 절 강간과 추행의 죄

1. 서설

군형법 각칙 제15장은 강간과 추행의 죄라 하여, 군인 · 준군인을 객체로 하는 성범죄와 군인간의 추행행위를 처벌하는 규정을 두고 있다. 과거 군형법은 계간 그 밖의 추행행위를 처벌하는 규정만을 독자적으로 두고 있어, 군인 · 준군인을 객체로 하는 성범죄의 경우 따로 군형법이 적용되는 것이 아니라 형법이나 성폭력범죄의 처벌 및 피해자보호 등에 관한 법률에 의하여 처벌되어 왔으나, 여군 인원이 증가하고 위계질서를 이용한 군내 성범죄가 빈발하여 이에 대한 가중처벌의 필요성이 대두됨에 따라 2009년 군형법 개정으로 군인 · 준군인을 객체로 하는 성범죄에 대하여 군형법에 새로운 조문이 신설되었다.

최근 개정된 「형법」을 반영하여 성폭력 범죄의 객체를 "부녀"에서 "사람"으로 확대하고, 구강 · 항문 등 신체(성기 제외)의 내부에 성기를 넣거나 성기 · 항문에 손가락 등 신체의 일부(성기 제외) 또는 도구를 넣는 '유사강간행위'를 처벌하는 규정을 신설하며, 성범죄에 대한 친고죄 규정을 삭제하는 한편, 동성간의 성행위를 비하하는 "계간"이라는 용어를 "항문성교"라는 용어로 변경하는 등 추행죄 규정을 정비하였다.[4)]

---

4) 사회가 다층화되고 복잡하게 발달함에 따라 성범죄도 역시 다양한 양상을 띠고 변화하고 있으나 현행 「형법」에서는 이러한 변화의 양상을 미처 담아내지 못하고 있음. 유사성교 행위만 하더라도 독일, 프랑스 등 선진 외국에서는 강간의 기준을 "신체에의 삽입"에 두고 강간죄에 포섭하여 엄하게 처벌하고 있는 것에 반하여 우리나라는 "성기간의 삽입"만을 강간죄로 처벌하고 이와 유사한 성교행위는 강제추행죄로 처벌하고 있고, 게다가 강간죄의 객체를 "부녀"로 한정하는 문제점이 있음. 또한 피해자의 사생활과 인격을 보호한다는 명분을 가지고 추행·간음 목적 약취·유인·수수·은닉죄 및 강간죄 등 성범죄를 친고죄로 규정하고 있으나, 피해자의 고소 취하를 얻어내기 위하여 가해자 측이 피해자를 협박하거나 명예훼손으로 역고소하는 경우가 많아 문제로 지적되고 있고, 「형법」 체계가 성폭력을 중대한 범죄로 규정하고 있음에도 친고죄로 규정하고 있는 것은 「형법」 체계에도 맞지 아니하며, 혼인빙자간음죄의 경우 기소되거나 처벌받는 경우가 거의 없어 법적 실효성이 낮을 뿐 아니라, 혼인빙자간음죄의 대상을 "음행의 상습 없는 부녀"로 한정하는 것 자체가 여성의 성적 주체성을 훼손하는 규정이므로 이 규정들은 폐지되어야 할 것임. 따라서 변화된 시대상황을 반영하여 다양화된 성범죄에 효과적으로 대처하기 위하여 유사강간죄를 신설하고, 성범죄의 객체를 "부녀"에서 "사람"으로 확대하며, 친고죄 및 혼인빙자간음죄를 폐지함.(형법 일부개정법률안)

◎형법의 주요개정◎

첫째, 종전 형법에서 성폭력범죄는 '고소가 있어야 공소를 제기할 수 있다'는 규정(제306조)에 따라 원칙적으로 '친고죄(親告罪)'였다. 이번 개정 형법에서는 이 친고죄 규정이 삭제되었다. 이뿐만 아니라 특별법에 있는 성범죄 관련 친고죄(공중밀집장소에서의 추행, 통신매체 이용 음란행위 등) 역시 모두 이번 법 개정으로 비친고죄가 되었다.

친고죄란, 피해자의 고소가 있어야만 처벌할 수 있는 범죄다. 국가형벌권은 개인의 의사에 따라 좌우될 수 없는 공적인 문제지만 피해자의 의사를 존중할 필요가 있는 경우, 친고죄로 두어 피해자 의사에 반하는 형벌권의 실현을 자제해왔다.

이런 정책적 의도와는 달리, 현실에서 친고죄 제도는 피해자에게 부담으로 작용한다는 지적이 꾸준히 이어졌다. 특히, 가해자가 고소 취하를 유도, 형벌을 면하는 수단으로 악용한다는 것이다. 참고로, 고소는 한 번 취하하면 다시 고소할 수 없다.

둘째, 강간죄 대상에 '남성'이 추가됐다. 즉, 종전 형법상 강간죄의 대상은 '부녀'였지만 개정법에는 '사람'으로 명시되어 있다. 이제까지 강간죄는 여성에 대한 남성의 범죄였다. 물론, 강간죄가 신분범죄는 아니니 여성에 대한 다른 여성의 강간이 이론적으로는 가능하다. 그러나 90% 이상의 강간사건이 남성에 의해 저질러지고 있는 것이 현실이다. 이에 따라 강간죄를 여성에 대한 남성의 폭력'으로 보는 관점은 여전히 유효하다고들 말한다.

문제는 예외적으로나마 남성에 대한 강간이 발생할 수 있다는 점이다. 성전환자들이 그 대표적인 경우다. 여성으로 성전환을 한 남성이 다른 남성으로부터 강간을 당한 경우, 종전 형법 하에서는 강간죄를 적용할 것인지, 말 것인지 고민해야했다. 물론, 지난 2009년 대법원은 여성으로 성전환을 한 남성에 대한 강간죄 성립을 인정한 바 있다. 이로써 문제의 일부는 이미 해소되었지만 차제에 입법적으로 관련 논란을 깨끗이 정리한 것으로 보인다.

마지막으로, '유사강간죄'가 신설되었다. 유사강간이란, 가해자의 성기를 피해자의 성기 이외의 신체 내부에 또는 가해자의 성기 외의 것을 피해자의 성기(항문 포함)에 강제로 삽입하는 행위를 의미한다. 이러한 변태행위·유사성행위는 종전 형법에 따르면, 강제추행죄로 처벌되었다. 그런데 강제추행죄의 법정형이 10년 이하의 징역 또는 1500만원 이하의 벌금으로 강간죄(3년 이상의 유기징역)에 비해 현저히 낮았다. 결국, 유사강간죄의 신설은 이러한 형량의 불균형을 해결하기 위한 목적으로 보인다. 참고로, 유사강간죄의 법정형은 2년 이상의 유기징역이다.[5)]

5) 양재규. 언론사람. 언론중재위원회 2013.07

2. 군인등강간죄

> 제92조(강간)
> 폭행이나 협박으로 제1조제1항부터 제3항까지에 규정된 사람을 강간한 사람은 5년 이상의 유기징역에 처한다.

가. 의의

폭행이나 협박으로 군인 또는 준군인인 사람을 강간하는 범죄이다. 객체가 군인 또는 준군인인 사람인 경우에 가중처벌하는 규정으로서 형법 제297조에 대한 특별규정이다.

나. 구성요건

1) 주체

주체는 군형법 피적용자이다. 따라서 민간인이 군인 또는 준군인인 사람을 강간한 경우에는 형법이나 성폭력범죄의 처벌 및 피해자보호 등에 관한 법률의 적용을 받는다.

2) 객체

객체는 군인 또는 준군인인 사람이다. 객체가 군인 또는 준군인인 사람에 한하므로 설령 군인이 군인 또는 준군인이 아닌 사람을 상대로 강간행위를 하였다면 이 죄는 적용되지 않는다.

3) 행위

행위는 폭행이나 협박으로 강간하는 것이다.

'폭행'이란 사람에 대한 유형력의 행사를 말하고, '협박'이란 해악을 통고하는 것을 말한다. 폭행·협박의 정도는 상대방의 반항을 불가능하게 하거나 현저히 곤란하게 할 정도에 이르러야 한다.

'강간'이란 폭행 또는 협박 때문에 저항하기가 불가능하거나 현저히 곤란한 상태에 있는 사람을 간음하는 것을 말한다. 이때 실행의 착수시기는 사람을 간음하기 위하여 최협의의 폭행·협박을 개시한 때이며, 실제로 항거불가능할 것을 요하지 않는다.

기수시기는 사람의 성적 자기결정권이 침해되는 성기의 결합에 의하여 기수가 되는 삽입설이 다수설이다.

4) 주관적 구성요건

폭행·협박에 의하여 사람을 강간한다는 인식과 의사인 고의가 있어야 한다.

다. 처벌

5년 이상의 유기징역에 처한다.

3. 군인등유사강간죄

제92조의2(유사강간) 폭행이나 협박으로 제1조 제1항부터 제3항까지에 규정된 사람에 대하여 구강, 항문 등 신체(성기는 제외한다)의 내부에 성기를 넣거나 성기, 항문에 손가락 등 신체(성기는 제외한다)의 일부 또는 도구를 넣는 행위를 한 사람은 3년 이상의 유기징역에 처한다.

폭행이나 협박으로 군인 또는 준군인인 사람을 구강, 항문 등 신체(성기는 제외한다)의 내부에 성기를 넣거나 성기, 항문에 손가락 등 신체(성기는 제외한다)의 일부 또는 도구를 넣는 행위를 함으로써 성립하는 범죄이다. 폭행 또는 협박에 의한 성기간 삽입은 유사강간죄가 아니라 강간죄로 처벌된다. 형법 개정 전에는 강제추행죄로 처벌받던 행위를 유사강간죄의 규정을 신설하여 보다 엄하게 처벌하도록 한 것이다.

4. 군인등강제추행죄

제92조의3(강제추행)
폭행이나 협박으로 제1조제1항부터 제3항까지에 규정된 사람에 대하여 추행을 한 사람은 1년 이상의 유기징역에 처한다.

가. 의의

폭행이나 협박으로 군인 또는 준군인인 사람에 대하여 추행을 하는 범죄이다. 객체가 군인 또는 준군인인 사람인 경우에 처벌하는 규정으로서 형법 제298조에 대한 특별규정이다.

나. 구성요건

1) 주체

주체는 군형법 피적용자이다. 민간인이 군인 또는 준군인인 사람에 대하여 추행을 하였다 하더라도 이 죄가 적용되지 않는다.

2) 객체

객체는 군인 또는 준군인인 사람이다. 그 외의 사람을 상대로 강제추행 행위를 했다면 이 죄가 적용되지 않는다.

3) 행위

행위는 폭행이나 협박으로 추행하는 것이다. 폭행과 협박의 개념은 군인등강간죄에서 설명한 바와 같다. 판례는 폭행행위 자체가 추행행위라고 인정되는 경우도 강제추행죄에 포함되는 것이라 할 것이고 이 경우에 있어서의 폭행은 반드시 상대방의 의사를 억압할 정도의 것임을 요하지 않고 다만 상대방의 의사에 반하는 유형력의 행사가 있는 이상 그 힘의 대소강약을 불문한다고 판시한바 있다.

'추행'이란 성욕의 흥분·자극·만족을 목적으로 하는 행위로서 건전한 상식 있는 일반인으로 하여금 성적 수치·혐오의 감정을 느끼게 하는 일체의 행위를 말한다. 이에 의하면 객관적으로 일반인의 성도덕 관념을 해한다는 요건과 함께 주관적으로 성욕을 흥분 또는 만족한다는 요건을 충족시켜야 추행행위가 성립한다고 볼 수 있다. 기타 내용은 형법상 강제추행죄와 동일하다.

다. 처벌

1년 이상의 유기징역에 처한다. 미수범도 처벌한다.

5. 군인등준강간·준강제추행죄

> 제92조의4(준강간, 준강제추행)
> 제1조제1항부터 제3항까지에 규정된 사람의 심신상실 또는 항거불능 상태를 이용하여 간음 또는 추행을 한 사람은 제92조, 제92조의2 및 제92조의3의 예에 따른다.

가. 의의

군인·준군인의 심신상실 또는 항거불능 상태를 이용하여 간음 또는 추행을 하는 범죄이다. 객체가 군인 또는 준군인인 사람인 경우에 가중처벌하는 규정으로서 형법 제299조에 대한 특별규정이다.

나. 구성요건

1) 주체

주체는 군형법 피적용자이다.

2) 객체

객체는 심신상실 또는 항거불능 상태에 있는 군인 또는 준군인인 사람이다. 준강간죄의 객체는 여자에 한하나, 준강제추행죄의 객체는 남녀를 불문한다.

'심신상실'이란 생물학적 기초에서 사물을 변별하거나 의사를 결정할 능력이 없는 상태를 말하지만, 간음 또는 추행에 있어 그 행위의 의미를 정확하게 이해하지 못하고 동의 또는 반항 여부를 명백히 알 수 없는 경우도 포함시킴이 상당하다.

'항거불능'이란 심신상실 이외의 사유로 인하여 심리적 또는 육체적으로 반항이 불가능한 상태를 말한다.

3) 행위

행위는 심신상실 또는 항거불능의 상태를 이용하여 간음 또는 추행하는 것이다. 간음과 추행의 개념은 앞 조항에서 설명한 바와 같다. 여기서 간음 또는 추행은 심신상실 또는 항거불능 상태를 이용하여 행하였을 것이 요구된다. 그러나 처음부터 행위자가 간음 또는 추행을 행하기 위하여 심신상실 또는 항거불능 상태를 야기한 때에는 군인등강간죄 또는 군인등강제추행죄가 성립한다.

다. 처벌

제92조, 제92조의2 및 제92조의3의 예에 따른다.

6. 군인등강간상해죄

제92조의7(강간 등 상해·치상)
제92조 및 제92조의2부터 제92조의5까지의 죄를 범한 사람이 제1조제1항부터 제3항까지에 규정된 사람을 상해하거나 상해에 이르게 한 때에는 무기 또는 7년 이상의 징역에 처한다.

가. 의의

군인등강간, 군인등강제추행, 군인등준강간·준강제추행죄를 범한 사람(미수범 포함)이 군인·준군인인 사람을 상해하거나 상해에 이르게 하는 범죄이다. 객체가 군인 또는 준군인인 사람인 경우에 가중처벌하는 규정으로서 형법 제301조에 대한 특별규정이다.

나. 구성요건

1) 주체

주체는 군형법 피적용자로서 군인등강간, 군인등강제추행, 군인등준강간·준강제추행죄를 범한 사람(미수범 포함)이다.

2) 행위

행위는 사람을 상해하거나 상해에 이르게 하는 것이다. '상해'는 고의가 있는 경우이고 '상해에 이르게 하는 것'은 과실로 상해의 결과를 발생하게 한 경우를 말한다.

상해가 발생하였다고 하기 위해서는 반드시 외관상 상처가 있어야 하는 것은 아니다. 따라서 강간으로 인하여 회음부찰과상과 같은 상처를 입히는 경우는 물론 처녀막파열, 보행불능·수면장애·식욕감퇴 등 기능장애를 일으키거나 히스테리를 야기한 경우에도 상해의 결과가 발생한 것으로 보아야 한다. 또한 상해의 결과는 반드시 강간 등 행위 자체에서 일어나거나 그 수단인 폭행에 의하여 발생한 것임을 요하는 것이 아니라 널리 강간의 기회에 이루어진 것이면 충분하다. 다만 강간행위가 종료된 이후에 새로운 고의로서 피해자를 상해한 때에는 군인등강간죄와 상해죄의 경합범이 된다.

다. 처벌

처벌은 무기 또는 7년 이상의 징역에 처한다.

7. 군인등강간살인죄

> 제92조의8(강간 등 살인·치사)
> 제92조 및 제92조의2부터 제92조의5까지의 죄를 범한 사람이 제1조제1항부터 제3항까지에 규정된 사람을 살해한 때에는 사형 또는 무기징역에 처하고, 사망에 이르게 한 때에는 사형, 무기 또는 10년 이상의 징역에 처한다.

가. 의의

군인등강간, 군인등강제추행, 군인등준강간·준강제추행죄를 범한 사람(미수범 포함)이 군인·준군인인 사람을 살해하거나 사망에 이르게 하는 것을 처벌하는 것이다.

나. 구성요건

1) 주체

주체는 군형법 피적용자로서 군인등강간, 군인등강제추행, 군인등준강간·준강제추행죄를 범한 사람(미수범 포함)이다.

2) 행위

행위는 사람을 살해하거나 사망에 이르게 하는 것이다. 사망의 결과는 강간행위로 인한 것이어야 한다. 사망의 결과가 강간의 수단인 폭행·협박에 의하여 발생한 경우뿐만 아니라 강간행위에 수반되어 발생한 때에도 성립한다. 따라서 폭행이나 협박을 가하여 간음하려는 행위에 이에 피해자가 극도의 흥분을 느끼고 공포심에 사로잡혀 이를 피하려다가 사망에 이르게 된 경우 강간치사죄가 성립한다.

다. 처벌

살해한 때에는 사형 또는 무기징역에, 사망에 이르게 한 때에는 사형, 무기 또는 10년 이상의 징역에 처한다.

8. 추행죄

제92조의6(추행)
제1조제1항부터 제3항까지에 규정된 사람에 대하여 항문성교나 그 밖의 추행을 한 사람은 2년 이하의 징역에 처한다.

가. 의의

항문성교나, 그 밖의 추행을 함으로써 군기를 문란시키고 군인 각자의 건전한 성도덕 관념과 성생활을 침해하는 행위를 벌하고 있는 죄이다. 보호법익은 군 내부의 건전한 공적생활을 영위하고, 이른바 군대 가정의 성적 건강을 유지하기 위하여 제정된 것으로서, 주된 보호법익은 개인의 성적 자유가 아니라 군이라는 공동사회의 건전한 생활과 군기라는 사회적 법익이다.

◉군형법 제92조의 추행죄는 군 내부의 건전한 공적생활을 영위하고, 이른바 군대가정의 성적 건강을 유지하기 위하여 제정된 것으로서, 주된 보호법익은 '개인의 성적 자유'가 아니라 '군이라는 공동사회의 건전한 생활과 군기'라는 사회적 법익이다. (대법원 2008.05.29. 선고 2008도2222)

형법에는 공연히 음란한 행위를 하는 사람을 처벌하는 공연음란죄(제245조), 폭행 또는 협박으로서 사람에 대하여 추행을 하는 사람을 처벌하는 강제추행죄(제298조)가 규정되어 있으나, 군형법상 추행죄는 공연성이라든지 폭행 · 협박을 요건으로 하고 있지 않다는 특수성이 있다.

이러한 추행죄는 군인 상호간의 행위에만 적용된다. 대법원은 군내부의 건전한 공적생활을 영위하기 위한 이른바 군대가정의 성적건강을 유지하기 위한 것이므로 민간인과의 사적생활관계에서의 변태성 성적 만족 행위에는 적용되지 않는 것으로 해석함이 타당하다고 한다고 판시한 바 있다.

나. 구성요건

1) 주체

주체는 군형법 피적용자이다

2) 행위

행위는 항문성교 그 밖에 추행을 하는 것이다. ‘항문성교’는 소위 남색을 말하는 것으로 동성의 사람 혹은 동물과 비정상적인 성교 행위를 하는 것을 말한다.

‘그 밖의 추행’이란 성적인 욕구의 표출로서의 특정한 행위가 사회통념상 비추어 변태성 내지는 비정상성을 띠고 있을 것, 즉 그 행위 자체의 성질상 계간에 준하는 정도일 것을 요구하는 등 보다 제한적으로 해석함이 타당하다.

군형법상 추행죄는 의사에 반하는 강제력이 사용되었는지 여부에 따라 두 가지 구조로 나뉘고 그에 따라 형사처벌의 범위가 달라진다.

항문성교 등 추행행위가 양쪽 상대방의 자유로운 합의에 의한 경우에는 양 당사자가 모두 형사처벌의 대상이 된다. 반면, 항문성교 등 추행행위가 어느 한쪽의 의사에 반하여 다른 한쪽의 강제력에 의하여 이뤄진 경우에는 가해자와 피해자를 구분하여 가해자만이 처벌을 받게 된다.

◉군형법 제92조 추행죄는 계간 기타 추행을 함으로써 군사회의 기강을 문란시키고 나아가 전투력의 약화를 초래하며, 각 개인의 성적 생활의 자유를 침해하는 행위를 벌하기 위하여 둔 법조로서, 추행죄에 있어서의 추행이라 함은 성욕의 흥분, 자극 또는 만족을 목적으로 하는 행위로서 객관적으로 일반인에게 성적 수치심이나 혐오감을 일으키게 하고 선량한 성적 도의관념에 반하는 것을 그 구성요건으로 한다고 할 것이다. (고등군사법원 2000. 12. 26. 선고 2000도524 판결 참조)

다. 처벌

2년 이하의 징역에 처한다.

제 16 절 기타의 죄

1. 부하범죄 부진정죄

제93조(부하범죄 부진정)
부하가 다수 공동하여 죄를 범함을 알고도 그 진정(鎭定)을 위하여 필요한 방법을 다하지 아니한 사람은 3년 이하의 징역이나 금고에 처한다.

가. 의의

상관으로서 부하가 다수 공동하여 죄를 범하는 것을 알고도 그 진정을 위하여 필요한 방법을 다하지 아니하는 것을 처벌하는 순정부작위범의 일종이다. 군대 내부에서 다수 공동하여 발생되는 범죄행위를 미연에 방지시키기 위하여 상명하복관계에 있는 자 간에서 명령권을 가진 자에게 그 진정의 의무를 부과하고 있는 것이다.

나. 구성요건

1) 주체

주체는 군형법 피적용자로서 부하를 둔 상관이다. 범죄행위자인 부하에 대하여 명령권을 가지고 있는 상관에 한한다고 보아야 함이 상당하다.

2) 행위

행위는 부하가 다수 공동하여 죄를 범하는 것을 알고도 그 진정을 위하여 필요한 방법을 다하지 아니한 것이다. 먼저, 부하가 다수 공동하여 죄를 범하는 것을 알아야 한다. '부하'는 단순한 하급자나 하서열자를 의미하는 것이 아니고 이죄의 주체의 지휘감독 하에 있는 부하를 의미한다. 부하가 다수 공동하여 행하는 범행이어야 하므로 부하가 단독으로 죄를 범하는 것을 알고도 그 진정을 위하여 필요한 방법을 다하지 아니하였더라도 이죄는 성립하지 아니한다.

다수 여부는 구체적 상황에 따라 행위의 위험성을 고려하여 결정한다. 여기서 공동은 형법상의 공범보다 넓은 개념으로 파악함이 상당하며, 공동관계에 있는 자 모두가 자기의 부하일 필요는 없다. 즉 자기 부하가 다수 공동하여 죄를 범하는 한 거기에 부하 아닌 자가 합세한 경우에도 죄는 성립한다. 부하의 범죄는 어떠한 범죄이건 불문한다.

범죄의 진정을 위하여 필요한 방법을 다하는 것은 범행이 기수에 이르지 않도록 필요한 진압행동을 한다는 의미이다. 필요한 방법을 다한 이상 현실적으로 완전한 진정을 못하여 범행이 기수에 이르렀다 하더라도 이 죄는 성립하지 않는다.

다. 처벌

3년 이하의 징역이나 금고에 처한다.

2. 정치관여죄

제94조(정치 관여)

① 정당이나 정치단체에 가입하거나 다음 각 호의 어느 하나에 해당하는 행위를 한 사람은 5년 이하의 징역과 5년 이하의 자격정지에 처한다.

1. 정당이나 정치단체의 결성 또는 가입을 지원하거나 방해하는 행위
2. 그 직위를 이용하여 특정 정당이나 특정 정치인에 대하여 지지 또는 반대 의견을 유포하거나, 그러한 여론을 조성할 목적으로 특정 정당이나 특정 정치인에 대하여 찬양하거나 비방하는 내용의 의견 또는 사실을 유포하는 행위
3. 특정 정당이나 특정 정치인을 위하여 기부금 모집을 지원하거나 방해하는 행위 또는 국가·지방자치단체 및 「공공기관의 운영에 관한 법률」에 따른 공공기관의 자금을 이용하거나 이용하게 하는 행위

4. 특정 정당이나 특정인의 선거운동을 하거나 선거 관련 대책회의에 관여하는 행위
5. 「정보통신망 이용촉진 및 정보보호 등에 관한 법률」에 따른 정보통신망을 이용한 제1호부터 제4호에 해당하는 행위
6. 제1조제1항부터 제3항까지에 규정된 사람이나 다른 공무원에 대하여 제1호부터 제5호까지의 행위를 하도록 요구하거나 그 행위와 관련한 보상 또는 보복으로서 이익 또는 불이익을 주거나 이를 약속 또는 고지(告知)하는 행위

② 제1항에 규정된 죄에 대한 공소시효의 기간은 「군사법원법」 제291조제1항에도 불구하고 10년으로 한다.

군인이 정치단체에 가입하거나 연설 또는 문서 그 밖의 방법으로 정치적 의견을 공표하는 등 정치에 관여함으로써 정치적 안정성과 군의 정치적 중립성을 침해하는 행위를 구성요건으로 한다. 군인은 오로지 국토방위의 신성한 의무를 이행함을 그 임무로 한다.

현대에 있어서 국방정책이 국가정책 중에 중대한 비중을 차지하고 있느니만큼 국방과 정치를 완전히 분리하여 생각할 수 없는 것이다. 또한 군인이 대한민국의 국민으로서 정치동향에 관심을 가진다거나, 학문적 관점에서 정치를 연구·조사하는 것도 충분히 있을 수도 있는 일이다. 그러나 군인이 적극적으로 어떤 정치적 활동에 참여하게 된다면, 군 자체에 파벌이 형성되고, 군기가 파괴되어 국방의 의무를 제대로 이행할 수 없게 되며, 나아가 국가전체에 정치적 불안을 초래하게 될 것이므로 이를 방지하기 위하여 정치관여죄를 특별히 규정하고 있다.

제5장

부 록

헌 법
참고문헌

제 5 장 부 록

대한민국헌법

[시행 1988.2.25.] [헌법 제10호, 1987.10.29., 전부개정]

유구한 역사와 전통에 빛나는 우리 대한국민은 3·1운동으로 건립된 대한민국임시정부의 법통과 불의에 항거한 4·19민주이념을 계승하고, 조국의 민주개혁과 평화적 통일의 사명에 입각하여 정의·인도와 동포애로써 민족의 단결을 공고히 하고, 모든 사회적 폐습과 불의를 타파하며, 자율과 조화를 바탕으로 자유민주적 기본질서를 더욱 확고히 하여 정치·경제·사회·문화의 모든 영역에 있어서 각인의 기회를 균등히 하고, 능력을 최고도로 발휘하게 하며, 자유와 권리에 따르는 책임과 의무를 완수하게 하여, 안으로는 국민생활의 균등한 향상을 기하고 밖으로는 항구적인 세계평화와 인류공영에 이바지함으로써 우리들과 우리들의 자손의 안전과 자유와 행복을 영원히 확보할 것을 다짐하면서 1948년 7월 12일에 제정되고 8차에 걸쳐 개정된 헌법을 이제 국회의 의결을 거쳐 국민투표에 의하여 개정한다.

제1장 총강

제1조 ① 대한민국은 민주공화국이다.
② 대한민국의 주권은 국민에게 있고, 모든 권력은 국민으로부터 나온다.

제2조 ① 대한민국의 국민이 되는 요건은 법률로 정한다.
② 국가는 법률이 정하는 바에 의하여 재외국민을 보호할 의무를 진다.

제3조 대한민국의 영토는 한반도와 그 부속도서로 한다.

제4조 대한민국은 통일을 지향하며, 자유민주적 기본질서에 입각한 평화적 통일 정책을 수립하고 이를 추진한다.

제5조 ① 대한민국은 국제평화의 유지에 노력하고 침략적 전쟁을 부인한다.
② 국군은 국가의 안전보장과 국토방위의 신성한 의무를 수행함을 사명으로 하며, 그 정치적 중립성은 준수된다.

제6조 ① 헌법에 의하여 체결·공포된 조약과 일반적으로 승인된 국제법규는 국내법과 같은 효력을 가진다.
② 외국인은 국제법과 조약이 정하는 바에 의하여 그 지위가 보장된다.

제7조 ① 공무원은 국민전체에 대한 봉사자이며, 국민에 대하여 책임을 진다.
② 공무원의 신분과 정치적 중립성은 법률이 정하는 바에 의하여 보장된다.

제8조 ① 정당의 설립은 자유이며, 복수정당제는 보장된다.
② 정당은 그 목적·조직과 활동이 민주적이어야 하며, 국민의 정치적 의사형성에 참여하는데 필요한 조직을 가져야 한다.
③ 정당은 법률이 정하는 바에 의하여 국가의 보호를 받으며, 국가는 법률이 정하는 바에 의하여 정당운영에 필요한 자금을 보조할 수 있다.
④ 정당의 목적이나 활동이 민주적 기본질서에 위배될 때에는 정부는 헌법재판소에 그 해산을 제소할 수 있고, 정당은 헌법재판소의 심판에 의하여 해산된다.

제9조 국가는 전통문화의 계승·발전과 민족문화의 창달에 노력하여야 한다.

제2장 국민의 권리와 의무

제10조 모든 국민은 인간으로서의 존엄과 가치를 가지며, 행복을 추구할 권리를 가진다. 국가는 개인이 가지는 불가침의 기본적 인권을 확인하고 이를 보장할 의무를 진다.

제11조 ① 모든 국민은 법 앞에 평등하다. 누구든지 성별·종교 또는 사회적 신분에 의하여 정치적·경제적·사회적·문화적 생활의 모든 영역에 있어서 차별을 받지 아니한다.

② 사회적 특수계급의 제도는 인정되지 아니하며, 어떠한 형태로도 이를 창설할 수 없다.

③ 훈장등의 영전은 이를 받은 자에게만 효력이 있고, 어떠한 특권도 이에 따르지 아니한다.

제12조 ① 모든 국민은 신체의 자유를 가진다. 누구든지 법률에 의하지 아니하고는 체포·구속·압수·수색 또는 심문을 받지 아니하며, 법률과 적법한 절차에 의하지 아니하고는 처벌·보안처분 또는 강제노역을 받지 아니한다.

② 모든 국민은 고문을 받지 아니하며, 형사상 자기에게 불리한 진술을 강요당하지 아니한다.

③ 체포·구속·압수 또는 수색을 할 때에는 적법한 절차에 따라 검사의 신청에 의하여 법관이 발부한 영장을 제시하여야 한다. 다만, 현행범인인 경우와 장기 3년 이상의 형에 해당하는 죄를 범하고 도피 또는 증거인멸의 염려가 있을 때에는 사후에 영장을 청구할 수 있다.

④ 누구든지 체포 또는 구속을 당한 때에는 즉시 변호인의 조력을 받을 권리를 가진다. 다만, 형사피고인이 스스로 변호인을 구할 수 없을 때에는 법률이 정하는 바에 의하여 국가가 변호인을 붙인다.

⑤ 누구든지 체포 또는 구속의 이유와 변호인의 조력을 받을 권리가 있음을 고지받지 아니하고는 체포 또는 구속을 당하지 아니한다. 체포 또는 구속을 당한 자의 가족등 법률이 정하는 자에게는 그 이유와 일시·장소가 지체없이 통지되어야 한다.

⑥ 누구든지 체포 또는 구속을 당한 때에는 적부의 심사를 법원에 청구할 권리를 가진다.

⑦ 피고인의 자백이 고문·폭행·협박·구속의 부당한 장기화 또는 기망 기타의 방법에 의하여 자의로 진술된 것이 아니라고 인정될 때 또는 정식재판에 있어서 피고인의 자백이 그에게 불리한 유일한 증거일 때에는 이를 유죄의 증거로 삼거나 이를 이유로 처벌할 수 없다.

제13조 ① 모든 국민은 행위시의 법률에 의하여 범죄를 구성하지 아니하는 행위로 소추되지 아니하며, 동일한 범죄에 대하여 거듭 처벌받지 아니한다.
② 모든 국민은 소급입법에 의하여 참정권의 제한을 받거나 재산권을 박탈당하지 아니한다.
③ 모든 국민은 자기의 행위가 아닌 친족의 행위로 인하여 불이익한 처우를 받지 아니한다.

제14조 모든 국민은 거주·이전의 자유를 가진다.

제15조 모든 국민은 직업선택의 자유를 가진다.

제16조 모든 국민은 주거의 자유를 침해받지 아니한다. 주거에 대한 압수나 수색을 할 때에는 검사의 신청에 의하여 법관이 발부한 영장을 제시하여야 한다.

제17조 모든 국민은 사생활의 비밀과 자유를 침해받지 아니한다.

제18조 모든 국민은 통신의 비밀을 침해받지 아니한다.

제19조 모든 국민은 양심의 자유를 가진다.

제20조 ① 모든 국민은 종교의 자유를 가진다.
② 국교는 인정되지 아니하며, 종교와 정치는 분리된다.

제21조 ① 모든 국민은 언론·출판의 자유와 집회·결사의 자유를 가진다.
② 언론·출판에 대한 허가나 검열과 집회·결사에 대한 허가는 인정되지 아니한다.
③ 통신·방송의 시설기준과 신문의 기능을 보장하기 위하여 필요한 사항은 법률로 정한다.
④ 언론·출판은 타인의 명예나 권리 또는 공중도덕이나 사회윤리를 침해하여서는 아니된다. 언론·출판이 타인의 명예나 권리를 침해한 때에는 피해자는 이에 대한 피해의 배상을 청구할 수 있다.

제22조 ① 모든 국민은 학문과 예술의 자유를 가진다.
② 저작자·발명가·과학기술자와 예술가의 권리는 법률로써 보호한다.

제23조 ① 모든 국민의 재산권은 보장된다. 그 내용과 한계는 법률로 정한다.
② 재산권의 행사는 공공복리에 적합하도록 하여야 한다.
③ 공공필요에 의한 재산권의 수용·사용 또는 제한 및 그에 대한 보상은 법률로써 하되, 정당한 보상을 지급하여야 한다.

제24조 모든 국민은 법률이 정하는 바에 의하여 선거권을 가진다.

제25조 모든 국민은 법률이 정하는 바에 의하여 공무담임권을 가진다.

제26조 ① 모든 국민은 법률이 정하는 바에 의하여 국가기관에 문서로 청원할 권리를 가진다.
② 국가는 청원에 대하여 심사할 의무를 진다.

제27조 ① 모든 국민은 헌법과 법률이 정한 법관에 의하여 법률에 의한 재판을 받을 권리를 가진다.
② 군인 또는 군무원이 아닌 국민은 대한민국의 영역안에서는 중대한 군사상 기밀·초병·초소·유독음식물공급·포로·군용물에 관한 죄중 법률이 정한 경우와 비상계엄이 선포된 경우를 제외하고는 군사법원의 재판을 받지 아니한다.
③ 모든 국민은 신속한 재판을 받을 권리를 가진다. 형사피고인은 상당한 이유가 없는 한 지체없이 공개재판을 받을 권리를 가진다.
④ 형사피고인은 유죄의 판결이 확정될 때까지는 무죄로 추정된다.
⑤ 형사피해자는 법률이 정하는 바에 의하여 당해 사건의 재판절차에서 진술할 수 있다.

제28조 형사피의자 또는 형사피고인으로서 구금되었던 자가 법률이 정하는 불기소처분을 받거나 무죄판결을 받은 때에는 법률이 정하는 바에 의하여 국가에 정당한 보상을 청구할 수 있다.

제29조 ① 공무원의 직무상 불법행위로 손해를 받은 국민은 법률이 정하는 바에 의하여 국가 또는 공공단체에 정당한 배상을 청구할 수 있다. 이 경우 공무원 자신의 책임은 면제되지 아니한다.

② 군인·군무원·경찰공무원 기타 법률이 정하는 자가 전투·훈련등 직무집행과 관련하여 받은 손해에 대하여는 법률이 정하는 보상외에 국가 또는 공공단체에 공무원의 직무상 불법행위로 인한 배상은 청구할 수 없다.

제30조 타인의 범죄행위로 인하여 생명·신체에 대한 피해를 받은 국민은 법률이 정하는 바에 의하여 국가로부터 구조를 받을 수 있다.

제31조 ① 모든 국민은 능력에 따라 균등하게 교육을 받을 권리를 가진다.

② 모든 국민은 그 보호하는 자녀에게 적어도 초등교육과 법률이 정하는 교육을 받게 할 의무를 진다.

③ 의무교육은 무상으로 한다.

④ 교육의 자주성·전문성·정치적 중립성 및 대학의 자율성은 법률이 정하는 바에 의하여 보장된다.

⑤ 국가는 평생교육을 진흥하여야 한다.

⑥ 학교교육 및 평생교육을 포함한 교육제도와 그 운영, 교육재정 및 교원의 지위에 관한 기본적인 사항은 법률로 정한다.

제32조 ① 모든 국민은 근로의 권리를 가진다. 국가는 사회적·경제적 방법으로 근로자의 고용의 증진과 적정임금의 보장에 노력하여야 하며, 법률이 정하는 바에 의하여 최저임금제를 시행하여야 한다.

② 모든 국민은 근로의 의무를 진다. 국가는 근로의 의무의 내용과 조건을 민주주의원칙에 따라 법률로 정한다.

③ 근로조건의 기준은 인간의 존엄성을 보장하도록 법률로 정한다.

④ 여자의 근로는 특별한 보호를 받으며, 고용·임금 및 근로조건에 있어서 부당한 차별을 받지 아니한다.

⑤ 연소자의 근로는 특별한 보호를 받는다.

⑥ 국가유공자·상이군경 및 전몰군경의 유가족은 법률이 정하는 바에 의하여 우선적으로 근로의 기회를 부여받는다.

제33조 ① 근로자는 근로조건의 향상을 위하여 자주적인 단결권·단체교섭권 및 단체행동권을 가진다.

② 공무원인 근로자는 법률이 정하는 자에 한하여 단결권·단체교섭권 및 단체행동권을 가진다.

③ 법률이 정하는 주요방위산업체에 종사하는 근로자의 단체행동권은 법률이 정하는 바에 의하여 이를 제한하거나 인정하지 아니할 수 있다.

제34조 ① 모든 국민은 인간다운 생활을 할 권리를 가진다.

② 국가는 사회보장·사회복지의 증진에 노력할 의무를 진다.

③ 국가는 여자의 복지와 권익의 향상을 위하여 노력하여야 한다.

④ 국가는 노인과 청소년의 복지향상을 위한 정책을 실시할 의무를 진다.

⑤ 신체장애자 및 질병·노령 기타의 사유로 생활능력이 없는 국민은 법률이 정하는 바에 의하여 국가의 보호를 받는다.

⑥ 국가는 재해를 예방하고 그 위험으로부터 국민을 보호하기 위하여 노력하여야 한다.

제35조 ① 모든 국민은 건강하고 쾌적한 환경에서 생활할 권리를 가지며, 국가와 국민은 환경보전을 위하여 노력하여야 한다.

② 환경권의 내용과 행사에 관하여는 법률로 정한다.

③ 국가는 주택개발정책등을 통하여 모든 국민이 쾌적한 주거생활을 할 수 있도록 노력하여야 한다.

제36조 ① 혼인과 가족생활은 개인의 존엄과 양성의 평등을 기초로 성립되고 유지되어야 하며, 국가는 이를 보장한다.

② 국가는 모성의 보호를 위하여 노력하여야 한다.

③ 모든 국민은 보건에 관하여 국가의 보호를 받는다.

제37조 ① 국민의 자유와 권리는 헌법에 열거되지 아니한 이유로 경시되지 아니한다.

② 국민의 모든 자유와 권리는 국가안전보장·질서유지 또는 공공복리를 위하여

필요한 경우에 한하여 법률로써 제한할 수 있으며, 제한하는 경우에도 자유와 권리의 본질적인 내용을 침해할 수 없다.

제38조 모든 국민은 법률이 정하는 바에 의하여 납세의 의무를 진다.

제39조 ① 모든 국민은 법률이 정하는 바에 의하여 국방의 의무를 진다.
② 누구든지 병역의무의 이행으로 인하여 불이익한 처우를 받지 아니한다.

제3장 국회

제40조 입법권은 국회에 속한다.

제41조 ① 국회는 국민의 보통·평등·직접·비밀선거에 의하여 선출된 국회의원으로 구성한다.
② 국회의원의 수는 법률로 정하되, 200인 이상으로 한다.
③ 국회의원의 선거구와 비례대표제 기타 선거에 관한 사항은 법률로 정한다.

제42조 국회의원의 임기는 4년으로 한다.

제43조 국회의원은 법률이 정하는 직을 겸할 수 없다.

제44조 ① 국회의원은 현행범인인 경우를 제외하고는 회기중 국회의 동의없이 체포 또는 구금되지 아니한다.
② 국회의원이 회기전에 체포 또는 구금된 때에는 현행범인이 아닌 한 국회의 요구가 있으면 회기중 석방된다.

제45조 국회의원은 국회에서 직무상 행한 발언과 표결에 관하여 국회외에서 책임을 지지 아니한다.

제46조 ① 국회의원은 청렴의 의무가 있다.

② 국회의원은 국가이익을 우선하여 양심에 따라 직무를 행한다.

③ 국회의원은 그 지위를 남용하여 국가·공공단체 또는 기업체와의 계약이나 그 처분에 의하여 재산상의 권리·이익 또는 직위를 취득하거나 타인을 위하여 그 취득을 알선할 수 없다.

제47조 ① 국회의 정기회는 법률이 정하는 바에 의하여 매년 1회 집회되며, 국회의 임시회는 대통령 또는 국회재적의원 4분의 1 이상의 요구에 의하여 집회된다.

② 정기회의 회기는 100일을, 임시회의 회기는 30일을 초과할 수 없다.

③ 대통령이 임시회의 집회를 요구할 때에는 기간과 집회요구의 이유를 명시하여야 한다.

제48조 국회는 의장 1인과 부의장 2인을 선출한다.

제49조 국회는 헌법 또는 법률에 특별한 규정이 없는 한 재적의원 과반수의 출석과 출석의원 과반수의 찬성으로 의결한다. 가부동수인 때에는 부결된 것으로 본다.

제50조 ① 국회의 회의는 공개한다. 다만, 출석의원 과반수의 찬성이 있거나 의장이 국가의 안전보장을 위하여 필요하다고 인정할 때에는 공개하지 아니할 수 있다.

② 공개하지 아니한 회의내용의 공표에 관하여는 법률이 정하는 바에 의한다.

제51조 국회에 제출된 법률안 기타의 의안은 회기중에 의결되지 못한 이유로 폐기되지 아니한다. 다만, 국회의원의 임기가 만료된 때에는 그러하지 아니하다.

제52조 국회의원과 정부는 법률안을 제출할 수 있다.

제53조 ① 국회에서 의결된 법률안은 정부에 이송되어 15일 이내에 대통령이 공포한다.

② 법률안에 이의가 있을 때에는 대통령은 제1항의 기간내에 이의서를 붙여 국회로 환부하고, 그 재의를 요구할 수 있다. 국회의 폐회중에도 또한 같다.

③ 대통령은 법률안의 일부에 대하여 또는 법률안을 수정하여 재의를 요구할 수 없다.

④ 재의의 요구가 있을 때에는 국회는 재의에 붙이고, 재적의원과반수의 출석과 출석의원 3분의 2 이상의 찬성으로 전과 같은 의결을 하면 그 법률안은 법률로서 확정된다.

⑤ 대통령이 제1항의 기간내에 공포나 재의의 요구를 하지 아니한 때에도 그 법률안은 법률로서 확정된다.

⑥ 대통령은 제4항과 제5항의 규정에 의하여 확정된 법률을 지체없이 공포하여야 한다. 제5항에 의하여 법률이 확정된 후 또는 제4항에 의한 확정법률이 정부에 이송된 후 5일 이내에 대통령이 공포하지 아니할 때에는 국회의장이 이를 공포한다.

⑦ 법률은 특별한 규정이 없는 한 공포한 날로부터 20일을 경과함으로써 효력을 발생한다.

제54조 ① 국회는 국가의 예산안을 심의·확정한다.

② 정부는 회계연도마다 예산안을 편성하여 회계연도 개시 90일전까지 국회에 제출하고, 국회는 회계연도 개시 30일전까지 이를 의결하여야 한다.

③ 새로운 회계연도가 개시될 때까지 예산안이 의결되지 못한 때에는 정부는 국회에서 예산안이 의결될 때까지 다음의 목적을 위한 경비는 전년도 예산에 준하여 집행할 수 있다.

1. 헌법이나 법률에 의하여 설치된 기관 또는 시설의 유지·운영
2. 법률상 지출의무의 이행
3. 이미 예산으로 승인된 사업의 계속

제55조 ① 한 회계연도를 넘어 계속하여 지출할 필요가 있을 때에는 정부는 연한을 정하여 계속비로서 국회의 의결을 얻어야 한다.

② 예비비는 총액으로 국회의 의결을 얻어야 한다. 예비비의 지출은 차기국회의 승인을 얻어야 한다.

제56조 정부는 예산에 변경을 가할 필요가 있을 때에는 추가경정예산안을 편성하여 국회에 제출할 수 있다.

제57조 국회는 정부의 동의없이 정부가 제출한 지출예산 각항의 금액을 증가하거나 새 비목을 설치할 수 없다.

제58조 국채를 모집하거나 예산외에 국가의 부담이 될 계약을 체결하려 할 때에는 정부는 미리 국회의 의결을 얻어야 한다.

제59조 조세의 종목과 세율은 법률로 정한다.

제60조 ① 국회는 상호원조 또는 안전보장에 관한 조약, 중요한 국제조직에 관한 조약, 우호통상항해조약, 주권의 제약에 관한 조약, 강화조약, 국가나 국민에게 중대한 재정적 부담을 지우는 조약 또는 입법사항에 관한 조약의 체결·비준에 대한 동의권을 가진다.

② 국회는 선전포고, 국군의 외국에의 파견 또는 외국군대의 대한민국 영역안에서의 주류에 대한 동의권을 가진다.

제61조 ① 국회는 국정을 감사하거나 특정한 국정사안에 대하여 조사할 수 있으며, 이에 필요한 서류의 제출 또는 증인의 출석과 증언이나 의견의 진술을 요구할 수 있다.

② 국정감사 및 조사에 관한 절차 기타 필요한 사항은 법률로 정한다.

제62조 ① 국무총리·국무위원 또는 정부위원은 국회나 그 위원회에 출석하여 국정처리상황을 보고하거나 의견을 진술하고 질문에 응답할 수 있다.

② 국회나 그 위원회의 요구가 있을 때에는 국무총리·국무위원 또는 정부위원은 출석·답변하여야 하며, 국무총리 또는 국무위원이 출석요구를 받은 때에는 국무위원 또는 정부위원으로 하여금 출석·답변하게 할 수 있다.

제63조 ① 국회는 국무총리 또는 국무위원의 해임을 대통령에게 건의할 수 있다.

② 제1항의 해임건의는 국회재적의원 3분의 1 이상의 발의에 의하여 국회재적의원 과반수의 찬성이 있어야 한다.

제64조 ① 국회는 법률에 저촉되지 아니하는 범위안에서 의사와 내부규율에 관한 규칙을 제정할 수 있다.

② 국회는 의원의 자격을 심사하며, 의원을 징계할 수 있다.
③ 의원을 제명하려면 국회재적의원 3분의 2 이상의 찬성이 있어야 한다.
④ 제2항과 제3항의 처분에 대하여는 법원에 제소할 수 없다.

第65조 ① 대통령·국무총리·국무위원·행정각부의 장·헌법재판소 재판관·법관·중앙선거관리위원회 위원·감사원장·감사위원 기타 법률이 정한 공무원이 그 직무집행에 있어서 헌법이나 법률을 위배한 때에는 국회는 탄핵의 소추를 의결할 수 있다.
② 제1항의 탄핵소추는 국회재적의원 3분의 1 이상의 발의가 있어야 하며, 그 의결은 국회재적의원 과반수의 찬성이 있어야 한다. 다만, 대통령에 대한 탄핵소추는 국회재적의원 과반수의 발의와 국회재적의원 3분의 2 이상의 찬성이 있어야 한다.
③ 탄핵소추의 의결을 받은 자는 탄핵심판이 있을 때까지 그 권한행사가 정지된다.
④ 탄핵결정은 공직으로부터 파면함에 그친다. 그러나, 이에 의하여 민사상이나 형사상의 책임이 면제되지는 아니한다.

제4장 정부

제1절 대통령

第66조 ① 대통령은 국가의 원수이며, 외국에 대하여 국가를 대표한다.
② 대통령은 국가의 독립·영토의 보전·국가의 계속성과 헌법을 수호할 책무를 진다.
③ 대통령은 조국의 평화적 통일을 위한 성실한 의무를 진다.
④ 행정권은 대통령을 수반으로 하는 정부에 속한다.

第67조 ① 대통령은 국민의 보통·평등·직접·비밀선거에 의하여 선출한다.
② 제1항의 선거에 있어서 최고득표자가 2인 이상인 때에는 국회의 재적의원 과반수가 출석한 공개회의에서 다수표를 얻은 자를 당선자로 한다.

③ 대통령후보자가 1인일 때에는 그 득표수가 선거권자 총수의 3분의 1 이상이 아니면 대통령으로 당선될 수 없다.
④ 대통령으로 선거될 수 있는 자는 국회의원의 피선거권이 있고 선거일 현재 40세에 달하여야 한다.
⑤ 대통령의 선거에 관한 사항은 법률로 정한다.

제68조 ① 대통령의 임기가 만료되는 때에는 임기만료 70일 내지 40일전에 후임자를 선거한다.
② 대통령이 궐위된 때 또는 대통령 당선자가 사망하거나 판결 기타의 사유로 그 자격을 상실한 때에는 60일 이내에 후임자를 선거한다.

제69조 대통령은 취임에 즈음하여 다음의 선서를 한다.
"나는 헌법을 준수하고 국가를 보위하며 조국의 평화적 통일과 국민의 자유와 복리의 증진 및 민족문화의 창달에 노력하여 대통령으로서의 직책을 성실히 수행할 것을 국민 앞에 엄숙히 선서합니다."

제70조 대통령의 임기는 5년으로 하며, 중임할 수 없다.

제71조 대통령이 궐위되거나 사고로 인하여 직무를 수행할 수 없을 때에는 국무총리, 법률이 정한 국무위원의 순서로 그 권한을 대행한다.

제72조 대통령은 필요하다고 인정할 때에는 외교·국방·통일 기타 국가안위에 관한 중요정책을 국민투표에 붙일 수 있다.

제73조 대통령은 조약을 체결·비준하고, 외교사절을 신임·접수 또는 파견하며, 선전포고와 강화를 한다.

제74조 ① 대통령은 헌법과 법률이 정하는 바에 의하여 국군을 통수한다.
② 국군의 조직과 편성은 법률로 정한다.

제75조 대통령은 법률에서 구체적으로 범위를 정하여 위임받은 사항과 법률을 집행하기 위하여 필요한 사항에 관하여 대통령령을 발할 수 있다.

제76조 ① 대통령은 내우·외환·천재·지변 또는 중대한 재정·경제상의 위기에 있어서 국가의 안전보장 또는 공공의 안녕질서를 유지하기 위하여 긴급한 조치가 필요하고 국회의 집회를 기다릴 여유가 없을 때에 한하여 최소한으로 필요한 재정·경제상의 처분을 하거나 이에 관하여 법률의 효력을 가지는 명령을 발할 수 있다.

② 대통령은 국가의 안위에 관계되는 중대한 교전상태에 있어서 국가를 보위하기 위하여 긴급한 조치가 필요하고 국회의 집회가 불가능한 때에 한하여 법률의 효력을 가지는 명령을 발할 수 있다.

③ 대통령은 제1항과 제2항의 처분 또는 명령을 한 때에는 지체없이 국회에 보고하여 그 승인을 얻어야 한다.

④ 제3항의 승인을 얻지 못한 때에는 그 처분 또는 명령은 그때부터 효력을 상실한다. 이 경우 그 명령에 의하여 개정 또는 폐지되었던 법률은 그 명령이 승인을 얻지 못한 때부터 당연히 효력을 회복한다.

⑤ 대통령은 제3항과 제4항의 사유를 지체없이 공포하여야 한다.

제77조 ① 대통령은 전시·사변 또는 이에 준하는 국가비상사태에 있어서 병력으로써 군사상의 필요에 응하거나 공공의 안녕질서를 유지할 필요가 있을 때에는 법률이 정하는 바에 의하여 계엄을 선포할 수 있다.

② 계엄은 비상계엄과 경비계엄으로 한다.

③ 비상계엄이 선포된 때에는 법률이 정하는 바에 의하여 영장제도, 언론·출판·집회·결사의 자유, 정부나 법원의 권한에 관하여 특별한 조치를 할 수 있다.

④ 계엄을 선포한 때에는 대통령은 지체없이 국회에 통고하여야 한다.

⑤ 국회가 재적의원 과반수의 찬성으로 계엄의 해제를 요구한 때에는 대통령은 이를 해제하여야 한다.

제78조 대통령은 헌법과 법률이 정하는 바에 의하여 공무원을 임면한다.

제79조 ① 대통령은 법률이 정하는 바에 의하여 사면·감형 또는 복권을 명할 수 있다.

② 일반사면을 명하려면 국회의 동의를 얻어야 한다.

③ 사면 · 감형 및 복권에 관한 사항은 법률로 정한다.

제80조 대통령은 법률이 정하는 바에 의하여 훈장 기타의 영전을 수여한다.

제81조 대통령은 국회에 출석하여 발언하거나 서한으로 의견을 표시할 수 있다.

제82조 대통령의 국법상 행위는 문서로써 하며, 이 문서에는 국무총리와 관계 국무위원이 부서한다. 군사에 관한 것도 또한 같다.

제83조 대통령은 국무총리 · 국무위원 · 행정각부의 장 기타 법률이 정하는 공사의 직을 겸할 수 없다.

제84조 대통령은 내란 또는 외환의 죄를 범한 경우를 제외하고는 재직중 형사상의 소추를 받지 아니한다.

제85조 전직대통령의 신분과 예우에 관하여는 법률로 정한다.

제2절 행정부

제1관 국무총리와 국무위원

제86조 ① 국무총리는 국회의 동의를 얻어 대통령이 임명한다.
② 국무총리는 대통령을 보좌하며, 행정에 관하여 대통령의 명을 받아 행정각부를 통할한다.
③ 군인은 현역을 면한 후가 아니면 국무총리로 임명될 수 없다.

제87조 ① 국무위원은 국무총리의 제청으로 대통령이 임명한다.
② 국무위원은 국정에 관하여 대통령을 보좌하며, 국무회의의 구성원으로서 국정을 심의한다.
③ 국무총리는 국무위원의 해임을 대통령에게 건의할 수 있다.
④ 군인은 현역을 면한 후가 아니면 국무위원으로 임명될 수 없다.

제2관 국무회의

제88조 ① 국무회의는 정부의 권한에 속하는 중요한 정책을 심의한다.
② 국무회의는 대통령·국무총리와 15인 이상 30인 이하의 국무위원으로 구성한다.
③ 대통령은 국무회의의 의장이 되고, 국무총리는 부의장이 된다.

제89조 다음 사항은 국무회의의 심의를 거쳐야 한다.
1. 국정의 기본계획과 정부의 일반정책
2. 선전·강화 기타 중요한 대외정책
3. 헌법개정안·국민투표안·조약안·법률안 및 대통령령안
4. 예산안·결산·국유재산처분의 기본계획·국가의 부담이 될 계약 기타 재정에 관한 중요사항
5. 대통령의 긴급명령·긴급재정경제처분 및 명령 또는 계엄과 그 해제
6. 군사에 관한 중요사항
7. 국회의 임시회 집회의 요구
8. 영전수여
9. 사면·감형과 복권
10. 행정각부간의 권한의 획정
11. 정부안의 권한의 위임 또는 배정에 관한 기본계획
12. 국정처리상황의 평가·분석
13. 행정각부의 중요한 정책의 수립과 조정
14. 정당해산의 제소
15. 정부에 제출 또는 회부된 정부의 정책에 관계되는 청원의 심사
16. 검찰총장·합동참모의장·각군참모총장·국립대학교총장·대사 기타 법률이 정한 공무원과 국영기업체관리자의 임명
17. 기타 대통령·국무총리 또는 국무위원이 제출한 사항

제90조 ① 국정의 중요한 사항에 관한 대통령의 자문에 응하기 위하여 국가원로로 구성되는 국가원로자문회의를 둘 수 있다.
② 국가원로자문회의의 의장은 직전대통령이 된다. 다만, 직전대통령이 없을 때

에는 대통령이 지명한다.

③ 국가원로자문회의의 조직·직무범위 기타 필요한 사항은 법률로 정한다.

제91조 ① 국가안전보장에 관련되는 대외정책·군사정책과 국내정책의 수립에 관하여 국무회의의 심의에 앞서 대통령의 자문에 응하기 위하여 국가안전보장회의를 둔다.

② 국가안전보장회의는 대통령이 주재한다.

③ 국가안전보장회의의 조직·직무범위 기타 필요한 사항은 법률로 정한다.

제92조 ① 평화통일정책의 수립에 관한 대통령의 자문에 응하기 위하여 민주평화통일자문회의를 둘 수 있다.

② 민주평화통일자문회의의 조직·직무범위 기타 필요한 사항은 법률로 정한다.

제93조 ① 국민경제의 발전을 위한 중요정책의 수립에 관하여 대통령의 자문에 응하기 위하여 국민경제자문회의를 둘 수 있다.

② 국민경제자문회의의 조직·직무범위 기타 필요한 사항은 법률로 정한다.

제3관 행정각부

제94조 행정각부의 장은 국무위원 중에서 국무총리의 제청으로 대통령이 임명한다.

제95조 국무총리 또는 행정각부의 장은 소관사무에 관하여 법률이나 대통령령의 위임 또는 직권으로 총리령 또는 부령을 발할 수 있다.

제96조 행정각부의 설치·조직과 직무범위는 법률로 정한다.

제4관 감사원

제97조 국가의 세입·세출의 결산, 국가 및 법률이 정한 단체의 회계검사와 행정기관 및 공무원의 직무에 관한 감찰을 하기 위하여 대통령 소속하에 감사원을 둔다.

제98조 ① 감사원은 원장을 포함한 5인 이상 11인 이하의 감사위원으로 구성한다.
② 원장은 국회의 동의를 얻어 대통령이 임명하고, 그 임기는 4년으로 하며, 1차에 한하여 중임할 수 있다.
③ 감사위원은 원장의 제청으로 대통령이 임명하고, 그 임기는 4년으로 하며, 1차에 한하여 중임할 수 있다.

제99조 감사원은 세입·세출의 결산을 매년 검사하여 대통령과 차년도국회에 그 결과를 보고하여야 한다.

제100조 감사원의 조직·직무범위·감사위원의 자격·감사대상공무원의 범위 기타 필요한 사항은 법률로 정한다.

제5장 법원

제101조 ① 사법권은 법관으로 구성된 법원에 속한다.
② 법원은 최고법원인 대법원과 각급법원으로 조직된다.
③ 법관의 자격은 법률로 정한다.

제102조 ① 대법원에 부를 둘 수 있다.
② 대법원에 대법관을 둔다. 다만, 법률이 정하는 바에 의하여 대법관이 아닌 법관을 둘 수 있다.
③ 대법원과 각급법원의 조직은 법률로 정한다.

제103조 법관은 헌법과 법률에 의하여 그 양심에 따라 독립하여 심판한다.

제104조 ① 대법원장은 국회의 동의를 얻어 대통령이 임명한다.
② 대법관은 대법원장의 제청으로 국회의 동의를 얻어 대통령이 임명한다.
③ 대법원장과 대법관이 아닌 법관은 대법관회의의 동의를 얻어 대법원장이 임명한다.

제105조 ① 대법원장의 임기는 6년으로 하며, 중임할 수 없다.

② 대법관의 임기는 6년으로 하며, 법률이 정하는 바에 의하여 연임할 수 있다.

③ 대법원장과 대법관이 아닌 법관의 임기는 10년으로 하며, 법률이 정하는 바에 의하여 연임할 수 있다.

④ 법관의 정년은 법률로 정한다.

제106조 ① 법관은 탄핵 또는 금고 이상의 형의 선고에 의하지 아니하고는 파면되지 아니하며, 징계처분에 의하지 아니하고는 정직·감봉 기타 불리한 처분을 받지 아니한다.

② 법관이 중대한 심신상의 장해로 직무를 수행할 수 없을 때에는 법률이 정하는 바에 의하여 퇴직하게 할 수 있다.

제107조 ① 법률이 헌법에 위반되는 여부가 재판의 전제가 된 경우에는 법원은 헌법재판소에 제청하여 그 심판에 의하여 재판한다.

② 명령·규칙 또는 처분이 헌법이나 법률에 위반되는 여부가 재판의 전제가 된 경우에는 대법원은 이를 최종적으로 심사할 권한을 가진다.

③ 재판의 전심절차로서 행정심판을 할 수 있다. 행정심판의 절차는 법률로 정하되, 사법절차가 준용되어야 한다.

제108조 대법원은 법률에 저촉되지 아니하는 범위안에서 소송에 관한 절차, 법원의 내부규율과 사무처리에 관한 규칙을 제정할 수 있다.

제109조 재판의 심리와 판결은 공개한다. 다만, 심리는 국가의 안전보장 또는 안녕질서를 방해하거나 선량한 풍속을 해할 염려가 있을 때에는 법원의 결정으로 공개하지 아니할 수 있다.

제110조 ① 군사재판을 관할하기 위하여 특별법원으로서 군사법원을 둘 수 있다.

② 군사법원의 상고심은 대법원에서 관할한다.

③ 군사법원의 조직·권한 및 재판관의 자격은 법률로 정한다.

④ 비상계엄하의 군사재판은 군인·군무원의 범죄나 군사에 관한 간첩죄의 경우

와 초병·초소·유독음식물공급·포로에 관한 죄중 법률이 정한 경우에 한하여 단심으로 할 수 있다. 다만, 사형을 선고한 경우에는 그러하지 아니하다.

제6장 헌법재판소

제111조 ① 헌법재판소는 다음 사항을 관장한다.

1. 법원의 제청에 의한 법률의 위헌여부 심판
2. 탄핵의 심판
3. 정당의 해산 심판
4. 국가기관 상호간, 국가기관과 지방자치단체간 및 지방자치단체 상호간의 권한쟁의에 관한 심판
5. 법률이 정하는 헌법소원에 관한 심판

② 헌법재판소는 법관의 자격을 가진 9인의 재판관으로 구성하며, 재판관은 대통령이 임명한다.

③ 제2항의 재판관중 3인은 국회에서 선출하는 자를, 3인은 대법원장이 지명하는 자를 임명한다.

④ 헌법재판소의 장은 국회의 동의를 얻어 재판관중에서 대통령이 임명한다.

제112조 ① 헌법재판소 재판관의 임기는 6년으로 하며, 법률이 정하는 바에 의하여 연임할 수 있다.

② 헌법재판소 재판관은 정당에 가입하거나 정치에 관여할 수 없다.

③ 헌법재판소 재판관은 탄핵 또는 금고 이상의 형의 선고에 의하지 아니하고는 파면되지 아니한다.

제113조 ① 헌법재판소에서 법률의 위헌결정, 탄핵의 결정, 정당해산의 결정 또는 헌법소원에 관한 인용결정을 할 때에는 재판관 6인 이상의 찬성이 있어야 한다.

② 헌법재판소는 법률에 저촉되지 아니하는 범위 안에서 심판에 관한 절차, 내부규율과 사무처리에 관한 규칙을 제정할 수 있다.

③ 헌법재판소의 조직과 운영 기타 필요한 사항은 법률로 정한다.

제7장 선거관리

제114조 ① 선거와 국민투표의 공정한 관리 및 정당에 관한 사무를 처리하기 위하여 선거관리위원회를 둔다.

② 중앙선거관리위원회는 대통령이 임명하는 3인, 국회에서 선출하는 3인과 대법원장이 지명하는 3인의 위원으로 구성한다. 위원장은 위원중에서 호선한다.

③ 위원의 임기는 6년으로 한다.

④ 위원은 정당에 가입하거나 정치에 관여할 수 없다.

⑤ 위원은 탄핵 또는 금고 이상의 형의 선고에 의하지 아니하고는 파면되지 아니한다.

⑥ 중앙선거관리위원회는 법령의 범위 안에서 선거관리·국민투표관리 또는 정당사무에 관한 규칙을 제정할 수 있으며, 법률에 저촉되지 아니하는 범위 안에서 내부규율에 관한 규칙을 제정할 수 있다.

⑦ 각급 선거관리위원회의 조직·직무범위 기타 필요한 사항은 법률로 정한다.

제115조 ① 각급 선거관리위원회는 선거인명부의 작성등 선거사무와 국민투표사무에 관하여 관계 행정기관에 필요한 지시를 할 수 있다.

② 제1항의 지시를 받은 당해 행정기관은 이에 응하여야 한다.

제116조 ① 선거운동은 각급 선거관리위원회의 관리하에 법률이 정하는 범위 안에서 하되, 균등한 기회가 보장되어야 한다.

② 선거에 관한 경비는 법률이 정하는 경우를 제외하고는 정당 또는 후보자에게 부담시킬 수 없다.

제8장 지방자치

제117조 ① 지방자치단체는 주민의 복리에 관한 사무를 처리하고 재산을 관리하며, 법령의 범위 안에서 자치에 관한 규정을 제정할 수 있다.

② 지방자치단체의 종류는 법률로 정한다.

제118조 ① 지방자치단체에 의회를 둔다.

② 지방의회의 조직·권한·의원선거와 지방자치단체의 장의 선임방법 기타 지방자치단체의 조직과 운영에 관한 사항은 법률로 정한다.

제9장 경제

제119조 ① 대한민국의 경제질서는 개인과 기업의 경제상의 자유와 창의를 존중함을 기본으로 한다.

② 국가는 균형있는 국민경제의 성장 및 안정과 적정한 소득의 분배를 유지하고, 시장의 지배와 경제력의 남용을 방지하며, 경제주체간의 조화를 통한 경제의 민주화를 위하여 경제에 관한 규제와 조정을 할 수 있다.

제120조 ① 광물 기타 중요한 지하자원·수산자원·수력과 경제상 이용할 수 있는 자연력은 법률이 정하는 바에 의하여 일정한 기간 그 채취·개발 또는 이용을 특허할 수 있다.

② 국토와 자원은 국가의 보호를 받으며, 국가는 그 균형있는 개발과 이용을 위하여 필요한 계획을 수립한다.

제121조 ① 국가는 농지에 관하여 경자유전의 원칙이 달성될 수 있도록 노력하여야 하며, 농지의 소작제도는 금지된다.

② 농업생산성의 제고와 농지의 합리적인 이용을 위하거나 불가피한 사정으로 발생하는 농지의 임대차와 위탁경영은 법률이 정하는 바에 의하여 인정된다.

제122조 국가는 국민 모두의 생산 및 생활의 기반이 되는 국토의 효율적이고 균형있는 이용·개발과 보전을 위하여 법률이 정하는 바에 의하여 그에 관한 필요한 제한과 의무를 과할 수 있다.

제123조 ① 국가는 농업 및 어업을 보호·육성하기 위하여 농·어촌종합개발과 그 지원등 필요한 계획을 수립·시행하여야 한다.

② 국가는 지역간의 균형있는 발전을 위하여 지역경제를 육성할 의무를 진다.

③ 국가는 중소기업을 보호·육성하여야 한다.
④ 국가는 농수산물의 수급균형과 유통구조의 개선에 노력하여 가격안정을 도모함으로써 농·어민의 이익을 보호한다.
⑤ 국가는 농·어민과 중소기업의 자조조직을 육성하여야 하며, 그 자율적 활동과 발전을 보장한다.

제124조 국가는 건전한 소비행위를 계도하고 생산품의 품질향상을 촉구하기 위한 소비자보호운동을 법률이 정하는 바에 의하여 보장한다.

제125조 국가는 대외무역을 육성하며, 이를 규제·조정할 수 있다.

제126조 국방상 또는 국민경제상 긴절한 필요로 인하여 법률이 정하는 경우를 제외하고는, 사영기업을 국유 또는 공유로 이전하거나 그 경영을 통제 또는 관리할 수 없다.

제127조 ① 국가는 과학기술의 혁신과 정보 및 인력의 개발을 통하여 국민경제의 발전에 노력하여야 한다.
② 국가는 국가표준제도를 확립한다.
③ 대통령은 제1항의 목적을 달성하기 위하여 필요한 자문기구를 둘 수 있다.

제10장 헌법개정

제128조 ① 헌법개정은 국회재적의원 과반수 또는 대통령의 발의로 제안된다.
② 대통령의 임기연장 또는 중임변경을 위한 헌법개정은 그 헌법개정 제안 당시의 대통령에 대하여는 효력이 없다.

제129조 제안된 헌법개정안은 대통령이 20일 이상의 기간 이를 공고하여야 한다.

제130조 ① 국회는 헌법개정안이 공고된 날로부터 60일 이내에 의결하여야 하며, 국회의 의결은 재적의원 3분의 2 이상의 찬성을 얻어야 한다.

② 헌법개정안은 국회가 의결한 후 30일 이내에 국민투표에 붙여 국회의원선거권자 과반수의 투표와 투표자 과반수의 찬성을 얻어야 한다.

③ 헌법개정안이 제2항의 찬성을 얻은 때에는 헌법개정은 확정되며, 대통령은 즉시 이를 공포하여야 한다.

부칙 <제10호, 1987.10.29.>

제1조 이 헌법은 1988년 2월 25일부터 시행한다. 다만, 이 헌법을 시행하기 위하여 필요한 법률의 제정·개정과 이 헌법에 의한 대통령 및 국회의원의 선거 기타 이 헌법시행에 관한 준비는 이 헌법시행 전에 할 수 있다.

제2조 ① 이 헌법에 의한 최초의 대통령선거는 이 헌법시행일 40일 전까지 실시한다.

② 이 헌법에 의한 최초의 대통령의 임기는 이 헌법시행일로부터 개시한다.

제3조 ① 이 헌법에 의한 최초의 국회의원선거는 이 헌법공포일로부터 6월 이내에 실시하며, 이 헌법에 의하여 선출된 최초의 국회의원의 임기는 국회의원선거후 이 헌법에 의한 국회의 최초의 집회일로부터 개시한다.

② 이 헌법공포 당시의 국회의원의 임기는 제1항에 의한 국회의 최초의 집회일 전일까지로 한다.

제4조 ① 이 헌법시행 당시의 공무원과 정부가 임명한 기업체의 임원은 이 헌법에 의하여 임명된 것으로 본다. 다만, 이 헌법에 의하여 선임방법이나 임명권자가 변경된 공무원과 대법원장 및 감사원장은 이 헌법에 의하여 후임자가 선임될 때까지 그 직무를 행하며, 이 경우 전임자인 공무원의 임기는 후임자가 선임되는 전일까지로 한다.

② 이 헌법시행 당시의 대법원장과 대법원판사가 아닌 법관은 제1항 단서의 규정에 불구하고 이 헌법에 의하여 임명된 것으로 본다.

③ 이 헌법중 공무원의 임기 또는 중임제한에 관한 규정은 이 헌법에 의하여 그 공무원이 최초로 선출 또는 임명된 때로부터 적용한다.

제5조 이 헌법시행 당시의 법령과 조약은 이 헌법에 위배되지 아니하는 한 그 효력을 지속한다.

제6조 이 헌법시행 당시에 이 헌법에 의하여 새로 설치될 기관의 권한에 속하는 직무를 행하고 있는 기관은 이 헌법에 의하여 새로운 기관이 설치될 때까지 존속하며 그 직무를 행한다.

참 고 문 헌

국방부, 『전쟁법 해설서(증보판)』, 국방부, 2010.
법무실, 『군형법 주해』, 육군본부, 2011.
김형청, 『형법』, 진영사, 2012.
김호 · 강은애, 『군사법의 이해』, 에세이, 2011.
이상철, 『군사법원론』, 박영사, 2011.
이진주, 『군형법(전정판)』, 법문사, 1975.
인길현 외 3명, 『알기쉬운 군사법규』, 진영사, 2010.
곽우영 외 3명, 『군법개론』, 진영사, 2011.
이재원, 『군법과 생활법률』, 백산출판사, 2010.
국방부, 장병 인권교육용 핸드북, 국방부 법무관리관실, 2012.
육군종합행정학교, 『군형법(보충교재)』, 육군종합행정학교, 2012.
육군종합행정학교, 『군행정법(보충교재)』, 육군종합행정학교, 2012.
육군종합행정학교, 『군사법원법(보충교재)』, 육군종합행정학교, 2012.
육군종합행정학교, 『징계업무(보충교재)』, 육군종합행정학교, 2012.
육군규정 180 징계규정, 육군본부,
육군본부, 『교육참고 8-7-31 지휘훈육』, 육군본부, 2013.
육군본부. 국가와안보. 육군교육사령부, 2022.
제3야전군사령부, 초급간부의 생활군법, 제3야전군사령부, 2008.
제1군수지원사령부, 초급간부의 생활군법, 제1군수지원사령부, 2008.
국방부, 정신교육 기본교재(교관용), 국방부, 2008.
육군본부, 육군규정 107 인력획득 및 임관규정, 육군본부,
육군본부, 육군규정 177 전쟁법준수 보장규정, 육군본부,
육군본부, 육군규정 180 징계규정, 육군본부.
대한민국 법제처. https://www.moleg.go.kr.
대한민국 법원 종합법률정보. https://glaw.scourt.go.kr.

저 자 소 개

박 철

용인대학교 일반대학원 경호학과 경호학 박사

육군3사관학교 26기 / 예비역 중령(헌병)

장안대학교 부사관과 교수(2012~현재)

정정균

경북대학교 법과대학 법학과 학사

용인대학교 일반대학원 경호학과 경호학 석사

대전대학교 일반대학원 군사학과 국방정책 · 전략 박사